今すぐ使える かんたんEx

Accessデータベース

〈Access 2016 / 2013 / 2010 対応版〉

プロ技 BEST セレクション

門脇 香奈子 著

技術評論社

●本書の使い方

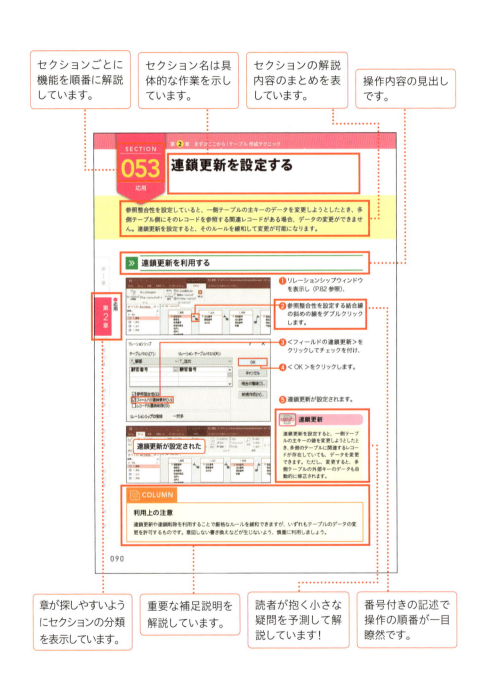

● サンプルダウンロード

本書の解説内で使用しているサンプルファイルは、以下のURLのサポートページからダウンロードできます。ダウンロードしたときは圧縮ファイルの状態なので、展開してからご利用ください。

http://gihyo.jp/book/2017/978-4-7741-9115-7/support

● 目次

第1章 これだけは知っておきたい！Access 基本のテクニック

Section 001	Accessを起動／終了する	18
Section 002	Accessの画面構成を知る	20
Section 003	データベースを新規作成する	21
Section 004	テンプレートを利用する	22
Section 005	データベースを上書き保存する	23
Section 006	保存したデータベースを開く	24
Section 007	操作を元に戻す／やり直す	26
Section 008	キーボードショートカットですばやく操作する	27
Section 009	実行したい操作を検索する	28
Section 010	タスクバーから手軽に起動する	29
COLUMN	ExcelとAccessの違い	30

004

CONTENTS

第2章 まずはここから！テーブル作成テクニック

Section 011	テーブルのビューを切り替える	32
Section 012	テーブルを作成する	34
Section 013	フィールドを追加する	35
Section 014	データ型を指定する	36
Section 015	フィールドの並び順を変更する	38
Section 016	フィールドを削除する	39
Section 017	主キーを設定する	40
Section 018	テーブルを保存する	41
Section 019	テーブル名を変更する	42
Section 020	テーブルを削除する	43
Section 021	フィールドプロパティを設定する	44
Section 022	日付を自動で入力させる	46
Section 023	氏名のふりがなを自動表示する	48
Section 024	郵便番号から住所を自動表示する	50
Section 025	入力するデータのサイズを指定する	52
Section 026	日本語入力モードを指定する	53
Section 027	入力の形式を指定する	54
Section 028	入力の既定値を設定する	56

●目次

Section 029	データが入力されているかをチェックする	57
Section 030	入力データの値をチェックする	58
Section 031	テーブルにデータを入力する	59
Section 032	データに書式を設定する	60
Section 033	リストから選択して入力する	62
Section 034	ほかのテーブルの値を入力する	64
Section 035	ハイパーリンクを追加する	68
Section 036	添付ファイルを追加する	69
Section 037	列の幅を変更する	70
Section 038	列の表示順を変更する	71
Section 039	列の表示／非表示を切り替える	72
Section 040	列を固定して表示する	73
Section 041	データを削除する	74
Section 042	データをコピー＆ペーストする	75
Section 043	データを並べ替える	76
Section 044	データを検索／置換する	77
Section 045	データを抽出する	78
Section 046	データの抽出を解除する	79
Section 047	リレーションシップを設定する	80
Section 048	フィールドリストの配置を変更する	84
Section 049	フィールドリストのサイズを変更する	85
Section 050	リレーションシップを編集／解除する	86

CONTENTS

Section 051	リレーションシップウィンドウを閉じる	87
Section 052	参照整合性を設定する	88
Section 053	連鎖更新を設定する	90
Section 054	連鎖削除を設定する	91
Section 055	テーブルを印刷する	92
Section 056	リレーションシップを印刷する	93
COLUMN	リレーションシップのまとめ	94

第3章 自由自在に操作する！クエリ 技ありテクニック

Section 057	クエリを作成する	96
Section 058	フィールドを追加する	98
Section 059	フィールドを削除する	99
Section 060	フィールドの位置を移動する	100
Section 061	別のテーブルからフィールドを追加する	101
Section 062	クエリを保存する	102
Section 063	クエリを実行する	103
Section 064	レコードを並べ替える	104
Section 065	複数の条件で並べ替える	105

●目次

Section 066	任意のフィールドを非表示にする	106
Section 067	並べ替えの優先度を変更する	107
Section 068	並び順を変えずに優先度を変更する	108
Section 069	テキストを数値として並べ替える	109
Section 070	条件に一致するレコードを抽出する	110
Section 071	条件に一致しないレコードを抽出する	111
Section 072	複数の条件で抽出する	112
Section 073	比較演算子を使って抽出する	113
Section 074	あいまいな条件で抽出する	114
Section 075	特定の日時のデータを抽出する	116
Section 076	特定の期間のデータを抽出する	117
Section 077	条件をクエリ実行時に指定する	118
Section 078	重複するデータを抽出する	120
Section 079	フィールド間で演算する	124
Section 080	関数を利用して演算する	125
Section 081	文字と文字を結合する	126
Section 082	文字の一部を取り出す	127
Section 083	未入力のレコードを検出する	128
Section 084	文字数や桁数で抽出する	129
Section 085	日付からデータを抽出する	130
Section 086	レコードの件数を求める	131
Section 087	上位数件のみを抽出する	132

CONTENTS

Section 088	文字列の空白を削除する	133
Section 089	条件によって処理を変更する	134
Section 090	クエリ実行中はデータをロックする	135
Section 091	複数のテーブルを結合する	136
Section 092	結合したテーブルのデータを利用する	138
Section 093	一方のテーブルだけにあるデータを抽出する	140
Section 094	集計クエリを作成する	144
Section 095	条件を付けて集計する	146
Section 096	集計行を利用する	147
Section 097	クロス集計を行う	148
Section 098	列見出しの設定を細かく指定する	152
Section 099	演算フィールドを利用してクロス集計する	153
Section 100	指定したデータをまとめて更新する	154
Section 101	抽出したデータを別テーブルに追加する	156
Section 102	抽出したデータでテーブルを作成する	158
COLUMN	式ビルダーを利用して式を入力する	160

● 目次

第 4 章 もっと便利に！
**フォーム
即効テクニック**

Section 103	テーブルからフォームを作成する	162
Section 104	形式を指定して作成する	163
Section 105	フォームウィザードから作成する	164
Section 106	分割形式のフォームを作成する	166
Section 107	分割したフォームの上下を入れ替える	168
Section 108	作成済みのフォームを分割フォームにする	169
Section 109	ナビゲーションフォームを作成する	170
Section 110	メイン／サブ形式のフォームを作成する	172
Section 111	空白のフォームを作成する	176
Section 112	フォームからデータを入力する	177
Section 113	フィールドを移動する	178
Section 114	入力を取り消す	179
Section 115	レコードを切り替える	180
Section 116	レコードを削除する	181
Section 117	フォームのデザインを変更する	182
Section 118	ヘッダーやフッターを編集する	184
Section 119	コントロールを選択する	186
Section 120	複数のコントロールを選択する	187

CONTENTS

Section 121	コントロールのサイズを変更する	188
Section 122	コントロールのレイアウトを解除する	189
Section 123	コントロールを移動する	190
Section 124	コントロールを等間隔に配置する	191
Section 125	コントロールの配置を揃える	192
Section 126	コントロールを削除する	193
Section 127	フィールドを追加する	194
Section 128	ラベルを追加する	195
Section 129	プロパティシートで詳細に設定する	196
Section 130	動作するボタンを配置する	198
Section 131	フィールド間で演算をする	202
Section 132	ほかのフォームの値を参照する	204
Section 133	一覧から選択してデータ入力できるようにする	208
Section 134	コントロールを選択できないようにする	214
Section 135	入力時のカーソル移動順を設定する	216
Section 136	条件付き書式を設定する	218
COLUMN	フォームで利用できるさまざまなコントロール	220

● 目次

第5章 細部までこだわる！レポート活用テクニック

Section 137	レポートを作成する	222
Section 138	レポートを保存する	226
Section 139	ラベルの文字を変更する	227
Section 140	コントロールに書式を設定する	228
Section 141	コントロールのサイズを変更する	229
Section 142	コントロールを移動する	230
Section 143	コントロールを削除する	231
Section 144	コントロールを追加する	232
Section 145	レポート全体の幅を調整する	233
Section 146	レポート全体のデザインを変更する	234
Section 147	ヘッダーに色を付ける	235
Section 148	レポートに画像を挿入する	236
Section 149	レポートに罫線を引く	237
Section 150	ページ番号を表示する	238
Section 151	ヘッダーやフッターを削除する	239
Section 152	プロパティシートを利用する	240
Section 153	折り返しを設定する	242
Section 154	重複するデータを非表示にする	243

CONTENTS

Section 155	フィルターを設定する	244
Section 156	レポートで演算を行う	246
Section 157	レポートに条件付き書式を設定する	248
Section 158	レポートをPDF形式で保存する	250
Section 159	印刷プレビューを表示する	251
Section 160	プレビューの表示を変更する	252
Section 161	レポートを印刷する	253
Section 162	印刷用紙の向きを変更する	254
Section 163	印刷用紙のサイズを変更する	255
Section 164	グループごとにデータをまとめたレポートを作成する	256
Section 165	グループの設定を変更する	260
Section 166	メイン／サブレポートを作成する	262
Section 167	レポートにグラフを挿入する	266
Section 168	レポートで宛名ラベルを作成する	270
Section 169	はがき印刷用のレポートを作成する	274
COLUMN	エラーが表示されたら	278

目次

第6章 ここで差が付く！ マクロ実践テクニック

Section 170	マクロを作成する	280
Section 171	複数のアクションを設定する	282
Section 172	マクロを編集する	284
Section 173	マクロを実行する	286
Section 174	作成済みのマクロをボタンに割り当てる	288
Section 175	マクロをグループ化する	290
Section 176	埋め込みマクロを作成する	294
Section 177	データマクロを作成する	296
Section 178	名前付きデータマクロを作成する	298
Section 179	データマクロを編集する	300
Section 180	起動時の画面を設定する	302
Section 181	条件付きマクロを作成する	304
Section 182	メッセージを利用して処理を変更する	308
COLUMN	VBAでプログラムを書く	312

CONTENTS

第7章 覚えておきたい！Access便利テクニック

Section 183	テキストファイルをAccessに取り込む	314
Section 184	ExcelファイルをAccessに取り込む	318
Section 185	データをExcel形式で出力する	322
Section 186	データをテキスト形式で出力する	324
Section 187	Access間でオブジェクトを入出力する	326
Section 188	既定の文字サイズを大きくする	328
Section 189	オブジェクトの依存関係を確認する	329
Section 190	ファイルを旧バージョンのAccess用にする	330
Section 191	旧バージョンのファイルを変換する	331
Section 192	バックアップを作成する	332
Section 193	既定の保存先を設定する	333
Section 194	データベースを最適化する	334
Section 195	ナビゲーションウィンドウを非表示にして開く	336
Section 196	排他モードを利用する	337
Section 197	データベースにパスワードを設定する	338
Section 198	＜セキュリティの警告＞を非表示にする	340
Section 199	隠しオブジェクトを利用する	342
Section 200	個人情報を削除する	344

キーボードショートカット一覧 346

索引 348

ご注意：ご購入・ご利用の前に必ずお読みください

- 本書に記載された内容は、情報の提供のみを目的としています。したがって、本書を用いた運用は、必ずお客様自身の責任と判断によって行ってください。これらの情報の運用の結果について、技術評論社および著者はいかなる責任も負いません。
- ソフトウェアに関する記述は、特に断りのない限り、2017年8月現在での最新バージョンをもとにしています。ソフトウェアはバージョンアップされる場合があり、本書での説明とは機能内容や画面図などが異なってしまうこともあり得ます。あらかじめご了承ください。
- 本書は、Windows 10およびAccess 2016の画面で解説を行っています。これ以外のバージョンでは、画面や操作手順が異なる場合があります。
- インターネットの情報については、URLや画面などが変更されている可能性があります。ご注意ください。

以上の注意事項をご承諾いただいた上で、本書をご利用願います。これらの注意事項をお読みいただかずに、お問い合わせいただいても、技術評論社は対応しかねます。あらかじめご承知おきください。

■本書に掲載した会社名、プログラム名、システム名などは、米国およびその他の国における登録商標または商標です。本文中では™マーク、®マークは明記しておりません。

第 **1** 章

これだけは知っておきたい！
Access 基本のテクニック

SECTION 001 基本操作

第 1 章　これだけは知っておきたい！Access 基本のテクニック

Accessを起動／終了する

Accessを起動して、新しいデータベースファイルを作成する準備をします。ここでは、Windows 10を使用して、スタート画面からAccess 2016を起動する方法を解説します。また、Accessを終了する方法も知っておきましょう。

Accessを起動する

❶ デスクトップ画面で、タスクバーの＜スタート＞ボタンをクリックします。

❷ スタートメニューが表示されたら、アプリ一覧を下へスクロールします。

❸ ＜ Access 2016 ＞をクリックします。

MEMO　Windows 8.1／8／7の場合

Windows8.1では、「Windows」キーを押してスタート画面を表示し、画面左下の＜↓＞をクリックし＜Access 2016＞を探してクリックします。Windows8では、「Windows」キーを押してスタート画面を表示して画面の空いているところを右クリックし、画面右下に表示される＜すべてのアプリ＞をクリックし＜Access 2016＞を探してクリックします。Windows7では、「Windows」キーを押して＜すべてのプログラム＞をクリックし、＜Access 2016＞を探してクリックします。

018

④ Access が起動します。

> **MEMO** **Access 2013／2010を起動する**
>
> Access 2013の場合は、スタート画面のプログラムの一覧から＜Microsoft Office 2013＞をクリックし、＜Access 2013＞をクリックします。Access 2010の場合は、＜Microsoft Office＞をクリックし、＜Access 2010＞をクリックします。

≫ Accessを終了する

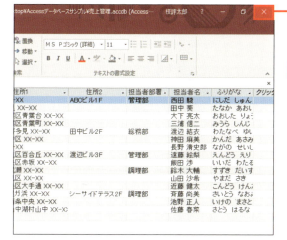

❶ Access の起動中に、右上の＜閉じる＞ 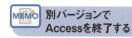 をクリックします。

> **MEMO** **メッセージが表示されたら**
>
> データベースの構造を変更中などに＜閉じる＞をクリックすると、メッセージが表示されます。変更を保存する場合は、＜はい＞をクリックします。

❷ Access が終了し、デスクトップ画面に戻ります。

> **MEMO** **別バージョンでAccessを終了する**
>
> Windows 8.1 ／ 8 ／ 7の場合、またはAccess 2013 ／ 2010の場合も、同様に＜閉じる＞をクリックすることで終了できます。

019

第 1 章　これだけは知っておきたい！Access 基本のテクニック

SECTION 002
基本操作

Accessの画面構成を知る

Accessでは、画面の上部に機能ごとのコマンドが表示されており、タブを切り替えるとコマンドもあわせて切り替わります。Accessでデータベースを作成するときは、主にこれらのコマンドを利用します。早めに覚えるようにしましょう。

≫ Accessの画面構成を確認する

	名称	機能
❶	クイックアクセスツールバー	よく使うコマンドボタンがまとめて表示されます。表示されるボタンを追加することもできます
❷	タイトルバー	作業中のデータベースの名前が表示されます
❸	リボン	関連する機能のコマンドが表示されます。タブ名をクリックして、タブを切り替えることができます
❹	＜シャッターバーを開く／閉じる＞ボタン	ナビゲーションウィンドウの表示／非表示を切り替えます
❺	検索ボックス	オブジェクトを探す際に利用します
❻	ナビゲーションウィンドウ	オブジェクトに関する操作を行うウィンドウです。データベースに含まれるオブジェクトの一覧が表示されます
❼	ステータスバー	操作に応じたメッセージが表示されます。オブジェクトのビュー（P.32 参照）の切り替えも可能です

SECTION 003 基本操作

第1章 これだけは知っておきたい！Access 基本のテクニック

データベースを新規作成する

Accessで新しいデータベースファイルを作成します。作成するデータベースの種類を選択しましょう。また、AccessではWordやExcelなどと異なり、データベースファイルの作成時に保存先とファイル名を指定して保存します。

≫ 新しいデータベースファイルを作成する

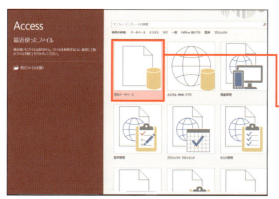

❶ P.18を参考にAccessを起動します。Accessが起動している場合は、＜ファイル＞タブをクリックし、＜新規＞をクリックします。

❷ ＜空のデータベース＞をクリックします。

❸ ファイル名を入力して、

❹ ＜データベースの保存場所を指定します＞をクリックします。

❺ 保存先を指定し、

❻ ＜OK＞をクリックします。

❼ 手順❸の画面に戻るので、＜作成＞をクリックすると、新しいデータベースファイルが作成されて表示されます。

MEMO Access 2010の場合

Access 2010では、画面の右に表示される＜空のデータベース＞欄でファイル名や保存先を指定します。

021

SECTION 004 基本操作

第 1 章　これだけは知っておきたい！Access 基本のテクニック

テンプレートを利用する

Accessには、データベースファイルのテンプレートがいくつか用意されています。新規にデータベースファイルを作成するとき、作成したいデータベースファイルに近いテンプレートがあるときは、テンプレートを利用すると便利です。

テンプレートを利用する

❶ 新規データベースファイルの作成画面を表示して（P.21 参照）、

❷ 一覧を上下にスクロールし、

❸ 利用するテンプレート（ここでは＜取引先住所録＞）をクリックします。

❹ ファイル名や保存先を設定し（P.21 参照）、

❺ ＜作成＞をクリックします。

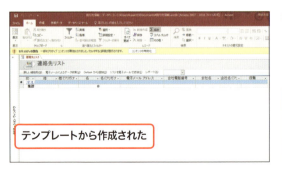

テンプレートから作成された

❻ テンプレートを基にしたデータベースファイルが作成されて表示されます。

MEMO テンプレートを修正する

作成したデータベースファイルの構造などは、あとから修正して利用できます。

SECTION 005 基本操作

データベースを上書き保存する

データベースファイルのオブジェクトの構造などを変更したあとは、こまめに上書き保存しましょう。なお、Accessでは、データの入力・編集・削除などのデータの変更は、上書き保存をしなくても自動的に保存されます（P.59参照）。

» データベースを上書き保存する

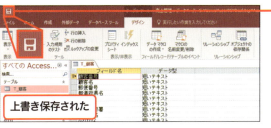

❶ クイックアクセスツールバーの＜上書き保存＞ をクリックします。

❷ 現在作業中のオブジェクト（P.32参照）への変更が上書き保存されます。

COLUMN

保存の確認画面が表示されたら

データベースファイルの作成中には、さまざまなタイミングで保存の確認メッセージが表示されます。＜はい＞をクリックすると、変更が保存されます。

オブジェクトの構造などを変更後、オブジェクトの＜閉じる＞をクリックすると、次のようなメッセージが表示されます。

オブジェクトの構造などを変更後、ビューを切り替えると（P.32参照）、次のようなメッセージが表示されます。

テーブルの列幅などを変更後、オブジェクトの＜閉じる＞をクリックすると、次のようなメッセージが表示されます。

SECTION 006 基本操作

保存したデータベースを開く

保存したデータベースファイルは、Accessの起動時やBackstageビューの表示時に開くことができます。また、デスクトップなどにデータベースファイルのアイコンが表示されている場合は、ダブルクリックして開くことも可能です。

▶ データベースファイルを開く

❶ Accessを起動します（P.18参照）。Accessが既に起動している場合は＜ファイル＞タブをクリックして＜開く＞をクリックし、手順❸に進みます。

❷ ＜他のファイルを開く＞をクリックします。

❸ ＜参照＞をクリックします。

MEMO Access 2013／2010の場合

Access 2013では＜コンピュータ＞をクリックして右下の＜参照＞をクリックします。Access 2010では＜開く＞をクリックします。

COLUMN

最近使ったファイル

手順❸の画面で、＜最近使ったファイル＞欄にデータベースファイル名が表示されている場合は、ファイル名をクリックしてかんたんに開くことができます。なお、＜最近使ったファイル欄＞のファイル名の下には、ファイルの保存先が表示されます。どこに保存したか忘れてしまった場合は、ファイル名の下の表示を確認しましょう。

④ 開くデータベースファイルを選択して、

⑤ <開く>をクリックします。

⑥ 「セキュリティの警告」メッセージバーが表示された場合は、<コンテンツの有効化>をクリックします。

MEMO メッセージバー

<コンテンツの有効化>をクリックせずメッセージバーを閉じると、一部のクエリやマクロなどが実行できない場合があります。

⑦ データベースファイルが開かれます。

MEMO あとから有効にする

手順⑥で<コンテンツの有効化>をクリックせずにメッセージバーを閉じたあとでコンテンツを有効にするには、<ファイル>タブをクリックし、<情報>の<コンテンツの有効化>から処理を選択します。

COLUMN

セキュリティの警告

Accessのファイルを開くと、安全上の都合で一部の機能が制限されることがあります。安全なファイルの場合は、<コンテンツの有効化>をクリックして機能の制限を解除します。セキュリティ警告が表示されないようにする方法は、P.340を参照してください。

025

SECTION 007 基本操作

操作を元に戻す／やり直す

操作を間違えてしまった場合、間違えた直後ならかんたんに元に戻せます。操作は、さらに前の状態にまで戻すこともできます。戻し過ぎてしまった場合は、元に戻す前の状態にすることもできます。操作を元に戻したりやり直したりする方法を知っておきましょう。

実行した操作を元に戻す／やり直す

❶ 何らかの操作（ここでは文字入力）を行い、

❷ Ctrl + Z キーを押します。

MEMO 戻せない場合もある
操作内容によっては、元に戻せないこともあります。操作中にメッセージが表示されたら、内容は慎重に確認しましょう。

❸ 操作が取り消されます。

❹ Ctrl + Y キーを押します。

MEMO 元に戻せる件数
Accessでは、直前の20件までの操作を取り消して元に戻すことができます。ただし、テーブルにデータを入力する操作などは、操作を遡って戻せない場合もあります。

❺ 取り消した操作がやり直されます。

MEMO クイックアクセスツールバーの利用
「元に戻す」または「やり直す」はクイックアクセスツールバーの または をクリックしても実行できます。

SECTION 008 基本操作

キーボードショートカットで すばやく操作する

Accessには、キーボードの操作だけで各種機能を実行できるキーボードショートカットが用意されています。表示方法の切り替えなどの便利なキーボードショートカットは、ここだけでなく本書の中で随時紹介します。

≫ キーボードショートカットを利用する

❶ Alt + F4 キーを押します。

❷ Access が終了します。

📎 COLUMN

その他のキーボードショートカットについて

Accessで利用できるキーボードショートカットには、次のようなものがあります。

操作	機能
Ctrl + S キー	データベースファイルを保存する
Ctrl + O キー	データベースファイルを開く
Ctrl + N キー	新しいデータベースファイルを作成する
F11 キー	ナビゲーションウィンドウの表示／非表示を切り替える
Alt + Q キー	操作アシストを使用する
F1 キー	ヘルプ画面を開く
Ctrl + Z キー	操作を元に戻す
Ctrl + Y キー	操作をやり直す

SECTION 009 基本操作

第 1 章　これだけは知っておきたい！Access 基本のテクニック

実行したい操作を検索する

操作やコマンドの場所がわからない場合は、操作アシストを利用してみましょう。実行したい機能やわからない言葉などを入力するとメニューが表示され、項目をクリックすることで機能の実行やヘルプ画面の表示ができます。

≫ 操作アシストを利用する

① ＜操作アシスト＞ボックスをクリックし、

② 実行したい操作に関連するキーワードを入力します。

MEMO 検索キーワード

入力するキーワードは、長文になるとうまく検索できないことがあります。できるだけ簡潔に入力します。

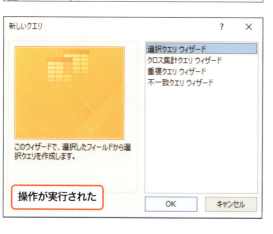

③ 検索結果から、実行する操作をクリックします。

MEMO ヘルプを表示する

＜"○○"のヘルプを参照＞をクリックすると、ヘルプ画面が表示されます。

④ 操作が実行されます。ここでは、クエリ（P.96 参照）を作成するウィザードが表示されています。

MEMO 操作アシスト機能

操作アシスト機能は、Access 2016 からの新機能です。Access 2013 ／ 2010 では利用できません。

SECTION
010
基本操作

第 **1** 章 これだけは知っておきたい！Access 基本のテクニック

タスクバーから手軽に起動する

Windows 10では、タスクバーにAccessアプリのボタンをピン留めしてデスクトップ画面からワンクリックで起動することができます。Accessを起動するたびに、スタートメニューからAccessの項目を探す手間が省けて便利です。

≫ タスクバーにピン留めする

❶ スタートメニュー（P.18参照）の＜Access 2016＞（Access 2013／2010の場合はP.19 MEMOを参照）を右クリックし、

❷ ＜その他＞→＜タスクバーにピン留めする＞の順にクリックします。

❸ タスクバーに Access のボタンが表示されます。このボタンをクリックすると、Accessが起動します。

MEMO Windows 8.1／8／7の場合

Windows 8.1／8の場合は、スタート画面のアプリビューから＜Access＞を右クリックして＜タスクバーにピン留めする＞をクリックします。Windows 7では、＜スタート＞から＜すべてのプログラム＞→＜Access＞を右クリックし、＜タスクバーに表示する＞をクリックします。なお、Access 2013／2010の場合は、P.19上段MEMOを参照し、Access 2013／2010の項目を右クリックします。

COLUMN

ピン留めを外す

タスクバーの＜Access＞を右クリックし、＜タスクバーからピン留めを外す＞（Windows 7では＜タスクバーにこのプログラムを表示しない＞）をクリックすると、タスクバーのピン留めが外れます。

029

COLUMN

ExcelとAccessの違い

集めたデータを管理するには、Accessのようなデータベースソフトを利用すると便利です。住所録のようなシンプルなデータを管理する場合などは、Excelを利用すると手軽で便利ですが、次のような場合は、Accessのほうが快適にデータを扱えます。

●たくさんのデータを扱いたい
Accessでは2GB近くものデータを快適に処理できます。Excelに入力したデータ件数が増えて管理しづらい場合は、Accessを利用するとよいでしょう。

●複数の人で共有したい
Accessのデータベースファイルは、複数人で共有できます。たとえば、データベースファイルを、ネットワークの共有フォルダーなどに保存すると、そのファイルにアクセスできる複数の人がファイルを同時に利用できます。

●データを活用するさまざまな機能を追加したい
Accessでは、オブジェクト（P.32参照）を作成して、データの表示画面や入力画面、また、データを思いどおりに印刷する画面などを作成したりできます。目的や要望によって必要な機能を追加できて便利です。

●リレーションシップを利用したい
Accessでは、リレーションシップというしくみを利用して、データを効率よく管理できます。リレーションシップはExcel 2013以降でも設定できますが、Accessのほうが、よりかんたんにリレーションシップを設定したり設定を確認したりできます。

目的や要望に合わせて機能を追加できる

第 2 章

まずはここから！
テーブル
作成テクニック

SECTION 011 基本

第2章 まずはここから！テーブル作成テクニック

テーブルのビューを切り替える

テーブルとは、データを保存する最も基本的なオブジェクトです。ここでは、ナビゲーションウィンドウからテーブルを表示し、テーブルでデータを表示する画面と、テーブルの構造を決定する画面の切り替え方法を紹介します。

テーブルのビュー

データシートビュー

データを表示したり入力したりする画面です。1件分のデータが1行で表示されます。

MEMO レコード

1件分のデータのことを「レコード」といいます。

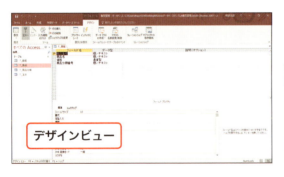

デザインビュー

テーブルの構造を決める画面です。どのようなデータを集めるか指定します。

MEMO オブジェクト

Accessでは、データベースファイルの用途に合わせて、オブジェクトという部品を複数作成します。オブジェクトには、テーブル、クエリ、フォーム、レポートなどの種類があります。

COLUMN

ビューとは

Accessでは、オブジェクトという部品を複数作成してデータベースファイルを構築します。オブジェクトには、オブジェクトごとに複数の画面（ビュー）が用意されています。データベースファイルの作成過程では、それらのビューを切り替えながら操作を行います。

≫ テーブルのビューを切り替える

① ナビゲーションウィンドウからテーブルをダブルクリックします。

② テーブルがデータシートビューで表示されます。＜ホーム＞タブの＜表示＞をクリックします。

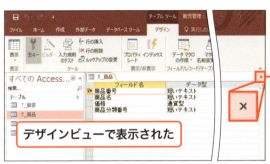

③ テーブルがデザインビューで表示されます。

④ テーブル右上の＜閉じる＞ ✕ をクリックします。

デザインビューで表示された

⑤ テーブルが閉じられます。このとき、Accessは終了せずに残ります。

MEMO ビューの切り替え

＜ホーム＞タブの＜表示＞をクリックすると、データシートビューとデザインビューが交互に切り替わります。＜表示＞の下の▼をクリックすると、ビューの一覧からビューを選んで切り替えられます。

COLUMN

テーブルが表示されない

ナビゲーションウィンドウにオブジェクトが表示されない場合は、ナビゲーションウィンドウの右上の ⊙ をクリックし、＜オブジェクトの種類＞と＜すべてのAccessオブジェクト＞にチェックを付けます。

SECTION 012 作成

テーブルを作成する

一般的に、データベースファイルを新規に作成するときは、最初にテーブルを作成します。ここでは空のテーブルを作成してデザインビューで開きますが、データシートビューで開くことも可能です。

≫ テーブルを作成する

❶ <作成>タブの<テーブルデザイン>をクリックします。

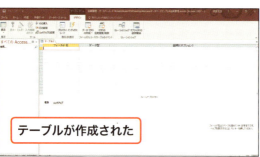

❷ 新しいテーブルが作成され、デザインビューで開きます。

MEMO ナビゲーションウィンドウ

テーブルを作成すると、ナビゲーションウィンドウに表示されます。ナビゲーションウィンドウのテーブル名をダブルクリックすると、テーブルが開きます。

❸ 手順❶で<テーブル>をクリックすると、作成されたテーブルがデータシートビューで開きます。

MEMO インポート

テーブルは、既存のテキストファイルなどを利用して作成することもできます。

SECTION 013 作成

フィールドを追加する

テーブルにデータを入力するときは、フィールドという項目に沿ってデータを入力します。フィールド名は64文字以内という制限があり、一部の記号など使用できない文字もあります。ここでは、テーブルにフィールド名を指定してフィールドを追加します。

≫ テーブルにフィールドを追加する

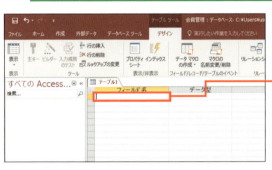

新しいテーブルを作成し（P.34参照）、デザインビューで開いておきます。

❶ <フィールド名>の1行目をクリックし、フィールド名を入力します。

❷ 入力が終わったら、次の行をクリックするか ↓ キーを押します。

MEMO 移動方向

Enter キーを押すと、選択箇所が右方向に移動します。<説明（オプション）>の列でさらに Enter キーを押すと、下の行の<フィールド名>に移動します。

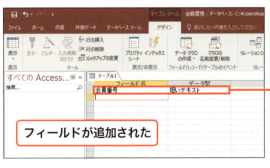

❸ <データ型>欄に自動で<短いテキスト>と表示されます。同様に、ほかのフィールド名を入力していきます。

MEMO データ型

入力したフィールドは、何も設定しなければ「短いテキスト」のデータ型になります。フィールドに入力するデータの種類によって、データ型を指定します（P.36参照）。

フィールドが追加された

035

SECTION 014 作成

データ型を指定する

テーブルのフィールドを作成する際、そのフィールドにどのような種類のデータを入力するかを「データ型」で指定します。データ型には複数の種類があり、たとえば日付の情報を入力する場合は、＜日付/時刻型＞のように指定します。

≫ データ型の種類

フィールドのデータ型には、次のような種類があります。用途に応じて使い分けましょう。

データ型	内容	利用例
短いテキスト（Access 2010 では＜テキスト型＞）	文字、計算をしない数字	「氏名」「顧客名」「電話番号」
長いテキスト（Access 2010 では＜メモ型＞）	長い文字、計算をしない長い数字	「商品説明」「備考」
数値型	数値	「数量」「定員」
日付/時刻型	日付や時刻	「売上日」「生年月日」
通貨型	通貨のデータ	「価格」「参加費」
オートナンバー型	Accessが自動で割り当てる番号 ※番号はデータごとに固有	「明細番号」「管理番号」
Yes/No型	二者択一のデータ	「送付希望」「入金済」
OLEオブジェクト型	画像などのファイル	「顧客写真」「地図」
ハイパーリンク型	URLやメールアドレスなどのリンク	「HPアドレス」「メールアドレス」
添付ファイル	画像やOfficeソフトなどで作成したファイル ※OLEオブジェクト型よりも利用できるファイルの種類が多い	「顧客写真」「納品書」
集計（Access 2010以降）	ほかのフィールドの値を使用して計算し、その結果を表示	「計」「消費税」
ルックアップウィザード	ほかのテーブルにある値や指定された値などの中から値を選択	「会員種別」「入金方法」

≫ データ型を選択する

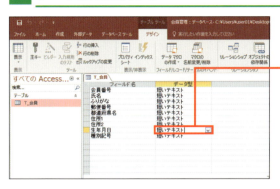

❶ テーブルをデザインビューで開いて（P.33 参照）、

❷ データ型を変更するフィールド（ここでは＜生年月日＞）の＜データ型＞欄をクリックします。

MEMO ＜説明（オプション）＞欄について

＜説明（オプション）＞欄には、必要に応じて、フィールドに関する説明を入力します。ここに入力した内容は、データを入力するときに、ステータスバーに表示されます。

❸ 表示される 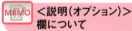 をクリックし、

❹ 指定するデータ型（ここでは＜日付 / 時刻型＞）をクリックします。

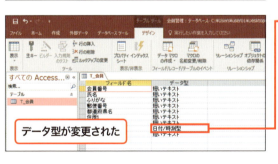

❺ データ型が変更されます。

📎 COLUMN

データ型をあとから変更する

テーブルにデータを入力したあとでデータ型を変更することもできますが、変更後のデータ型によっては入力済みのデータが消えてしまうことがあるので注意が必要です。また、「添付ファイル」型など一部のデータ型では、あとからデータ型を変更することはできません。

SECTION 015 作成

第 2 章　まずはここから！テーブル作成テクニック

フィールドの並び順を変更する

フィールドの並び順は、フィールドを作成したあとでも変更できます。デザインビューで順番を変更すると、データシートビューの表示順にも変更が反映されます。データシートビューでの変更方法は、P.71で解説しています。

フィールドを入れ替える

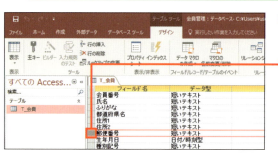

❶ テーブルをデザインビューで開いて（P.33参照）、

❷ 順番を入れ替えたいフィールド（ここでは＜郵便番号＞）の行セレクターをクリックします。

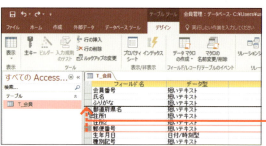

❸ 行セレクターを移動先にドラッグします。

MEMO　行セレクター

テーブルのデザインビューでフィールドの行を選択する■を行セレクターといいます。

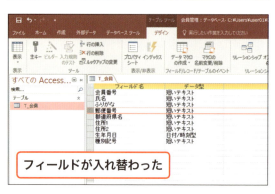

❹ フィールドが入れ替わります。

フィールドが入れ替わった

SECTION 016 作成

第2章 まずはここから！テーブル作成テクニック

フィールドを削除する

不要になったフィールドや、間違って作成してしまったフィールドなどは自由に削除できます。削除しようとしたフィールドにデータが入力されている場合は、データが削除されることを示す確認メッセージが表示されます。

≫ 作成したフィールドを削除する

❶ テーブルをデザインビューで開いて（P.33参照）、

❷ 削除したいフィールド（ここでは＜職業＞）の行セレクターをクリックします。

❸ ＜ホーム＞タブの＜削除＞をクリックするか、Deleteキーを押します。

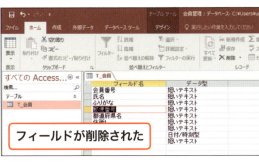

フィールドが削除された

❹ フィールドが削除されます。

削除後のフィールド

フィールドを削除すると、残りのフィールドが上に詰めて移動します。

039

SECTION 017 作成

第 2 章 まずはここから！テーブル作成テクニック

主キーを設定する

テーブルに入力する個々のレコードを区別するフィールドには主キーを設定します。主キーを設定するとデータを効率よく正確に管理するのに役立ち、ほかのテーブルと関連付けを設定する際にデータを参照する手がかりになります。

主キーを設定する

❶ テーブルをデザインビューで開いて、

❷ 主キーを設定するフィールド（ここでは＜会員番号＞）をクリックします。

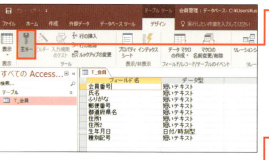

❸ ＜デザイン＞タブの＜主キー＞をクリックします。

主キーが設定された

❹ 主キーが設定されます。主キーが設定されたフィールドは、行セレクターに鍵の印 🔑 が付きます。

MEMO 主キー

主キーを設定したフィールドには、ほかのレコードと同じ値は入力できなくなります。そのため、たとえば、会員情報を集めるテーブルでは、個々の会員を識別する「会員番号」のようなフィールドを主キーに設定します。

第 2 章 まずはここから！テーブル作成テクニック

SECTION 018 作成
テーブルを保存する

作成したテーブルに名前を付けて保存します。保存の操作は、テーブル作成後でもできますが、早い段階で一度保存してから、テーブルの作成中にこまめに上書き保存をする方法が安全です。名前の付け方には、いくつかのルールがあるので気を付けましょう。

≫ テーブルを保存する

❶ クイックアクセスツールバーの＜上書き保存＞ ■ をクリックするか、Ctrl＋Sキーを押します。

MEMO 上書き保存
一度保存したテーブルでこの操作を行うと、手順❷以降の画面は表示されずに上書き保存されます。

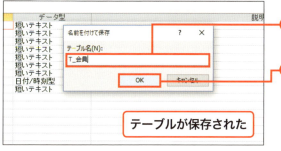

❷ テーブル名（ここでは「T_会員」）を入力して、

❸ ＜OK＞をクリックすると、テーブルが保存されます。

テーブルが保存された

📎 COLUMN

テーブル名のルール

テーブルに付ける名前にはいくつかのルールがあり、抵触する場合はメッセージが表示されます。

・64文字を超える名前にはできない
・先頭にスペースは使用できない
・ピリオド（.）や感嘆符（!）など一部の記号は使用できない

041

SECTION 019 作成

第 2 章 まずはここから！テーブル作成テクニック

テーブル名を変更する

保存時に設定したテーブル名は、あとから変更できます。名前を変更するテーブルが開いている場合は名前の変更ができないため、テーブルを閉じてから操作します。クエリやフォーム、レポートなどのほかのオブジェクトも、この方法で名前を変更できます。

》 名前を変更する

あらかじめ名前を変更するテーブルを閉じておきます。

❶ ナビゲーションウィンドウで名前を変更したいテーブル（ここでは「T_顧客」）を右クリックし、

❷ <名前の変更>をクリックします。

❸ 変更後の名前を入力して、

❹ [Enter]キーを押します。

MEMO 名前の修正

名前を変更する前に、このテーブルを基にほかのオブジェクトを作成していた場合でも名前の自動修正機能が働くため基本的には問題ありません。ただし、思いがけないエラーを避けるにも、なるべく変更がないように心がけましょう。

❺ テーブル名が変更されます。

名前が変更された

SECTION 020 作成

第 2 章　まずはここから！テーブル作成テクニック

テーブルを削除する

不要になったテーブルを削除します。削除するテーブルが開いている場合は削除できないため、テーブルを閉じてから操作します。クエリやフォーム、レポートなどのほかのオブジェクトも、この方法で削除できます。

》 不要なテーブルを削除する

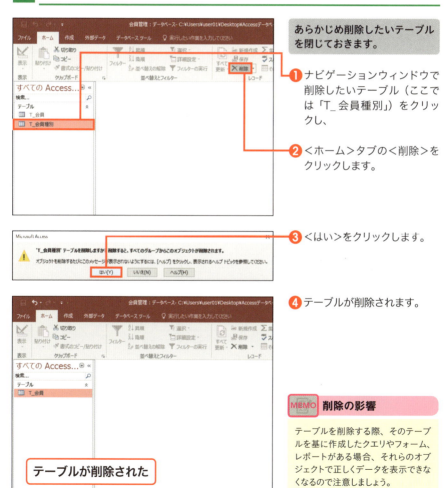

あらかじめ削除したいテーブルを閉じておきます。

1. ナビゲーションウィンドウで削除したいテーブル（ここでは「T_会員種別」）をクリックし、

2. <ホーム>タブの<削除>をクリックします。

3. <はい>をクリックします。

4. テーブルが削除されます。

テーブルが削除された

MEMO　削除の影響

テーブルを削除する際、そのテーブルを基に作成したクエリやフォーム、レポートがある場合、それらのオブジェクトで正しくデータを表示できなくなるので注意しましょう。

043

SECTION 021 設定 フィールドプロパティを設定する

第 2 章　まずはここから！テーブル作成テクニック

フィールドプロパティとは、それぞれのフィールドに対して設定するさまざまな項目のことで、テーブルにデータを入力するときのルールを細かく指定するものです。ここでは、フィールドプロパティの種類や設定方法を解説します。

≫ フィールドプロパティの種類

フィールドプロパティは、テーブルをデザインビューで開くと画面下部に表示されます。

フィールドプロパティ	内容
フィールドサイズ	フィールドに入力できるデータの大きさ
書式	データを表示するときの形式
定型入力	データを入力するときの形式。 「4桁の数値を入力」などの指定ができる
既定値	新しいデータを追加したときの既定の値
入力規則	入力できるデータを制限するルール
エラーメッセージ	入力規則に一致しないデータが入力されたときに表示するエラーメッセージ
値要求	データの入力を必須にするかどうか
IME入力モード	データを入力するときの日本語モードの状態
ふりがな	「氏名」などを入力したときに、自動的に「ふりがな」によみがなを入力する
住所入力支援	「郵便番号」などを入力したときに、自動的に「都道府県名」や「住所」などを入力する

> **MEMO データ型とフィールドプロパティ**
>
> フィールドのデータ型によって、設定できるフィールドプロパティは異なります。デザインビューでフィールドを選択すると、設定できるフィールドプロパティの項目が表示されます。

≫ デザインビューでフィールドプロパティを設定する

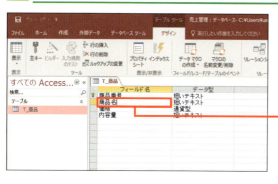

＜商品名＞フィールドの文字数を設定します。

❶ テーブルをデザインビューで開いて、

❷ フィールドプロパティを設定するフィールド（ここでは＜商品名＞）をクリックします。

❸ 下に設定欄が表示されるので、設定するプロパティ（ここでは＜フィールドサイズ＞）をクリックします。

> **MEMO ＜フィールドサイズ＞プロパティ**
>
> ＜フィールドサイズ＞プロパティでは、データの型によって指定できる内容が異なります。

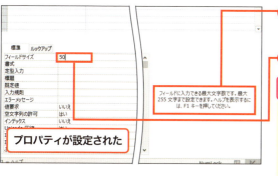

プロパティが設定された

❹ フィールドプロパティの右側に説明が表示されます。

❺ 設定を選択または入力します。

> **MEMO データシートビュー**
>
> 一部のフィールドプロパティは、データシートビューでも設定できます。設定するフィールドをクリックし、＜テーブルツール＞の＜フィールド＞タブをクリックします。

COLUMN

フォームにも引き継がれる

テーブルのフィールドに指定したフィールドプロパティの設定は、そのテーブルを基に作成するフォームなどにも引き継がれます。たとえば、テーブルで「氏名」を入力すると「ふりがな」が表示されるように設定し、そのテーブルを基にフォームを作成した場合、フォームで「氏名」を入力すると「ふりがな」が入力されます。

SECTION 022 設定

第2章 まずはここから！テーブル作成テクニック

日付を自動で入力させる

フィールドの＜既定値＞プロパティを指定すると、新しいレコードを入力する際自動的に文字や値を入力できます。既定値の指定方法には式や文字を指定します（P.56参照）。ここでは、今日の日付が自動で入力されるようにします。

＞＞ ＜既定値＞プロパティを設定する

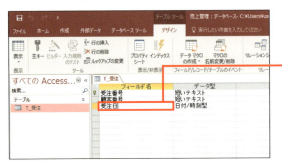

❶ テーブルをデザインビューで開いて、

❷ 設定するフィールド（ここでは＜受注日＞）をクリックします。

❸ フィールドプロパティの＜既定値＞プロパティをクリックします。

MEMO データ型

既定値は、フィールドのデータ型に合わせて指定します。ここでは＜日付/時刻型＞フィールドに、既定値の日付を指定しています。＜数値型＞の場合は、既定値の値を指定します。

❹ 「=Date()」と入力します。

MEMO 関数

ここでは関数を入力しています。入力に利用する「=」や「(」、「)」などの記号は半角で入力する必要があるので気を付けましょう。

⑤ ＜テーブルツール＞の＜デザイン＞タブで＜表示＞をクリックします。

MEMO 表示の切り替え

＜表示＞の▼をクリックすると、表示するビューを候補の一覧から選択できます。

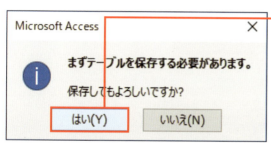

⑥ ＜はい＞をクリックします。

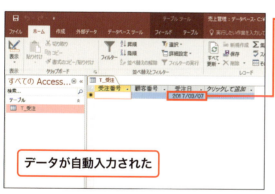

⑦ データシートビューが表示されます。新規データの＜受注日＞フィールドに今日の日付が入力されています。

MEMO 文字を既定値にする

ここでは関数を使用して既定値を設定していますが、文字や数字を設定することもできます。

📎 COLUMN

現在の日付や時刻を求める

P.46手順④では今日の日付を求める関数を利用していますが、次のような関数も利用できます。

関数名	入力例	表示される内容
Now 関数	=Now()	現在の日付と時刻
Time 関数	=Time()	現在の時刻

047

SECTION 023 設定

氏名のふりがなを自動表示する

<ふりがな>プロパティを設定すると、フィールドに入力した漢字のふりがなを、別のフィールドに自動的に入力できます。ふりがなが正しく入力されなかった場合は、ふりがなを入力するフィールドで、あとから文字を修正できます。

≫ <ふりがな>プロパティを設定する

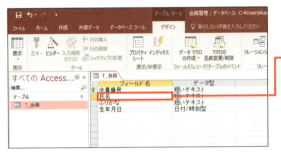

❶ テーブルをデザインビューで開いて、

❷ 設定するフィールド（ここでは<氏名>）をクリックします。

❸ フィールドプロパティの<ふりがな>プロパティをクリックし、… をクリックします。

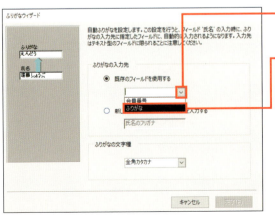

❹ <既存のフィールドを使用する>の をクリックし、

❺ ふりがなの入力先のフィールド（ここでは<ふりがな>）指定します。

MEMO 設定するフィールド

手順❷では入力元のフィールドを指定します。間違えやすいので注意しましょう。

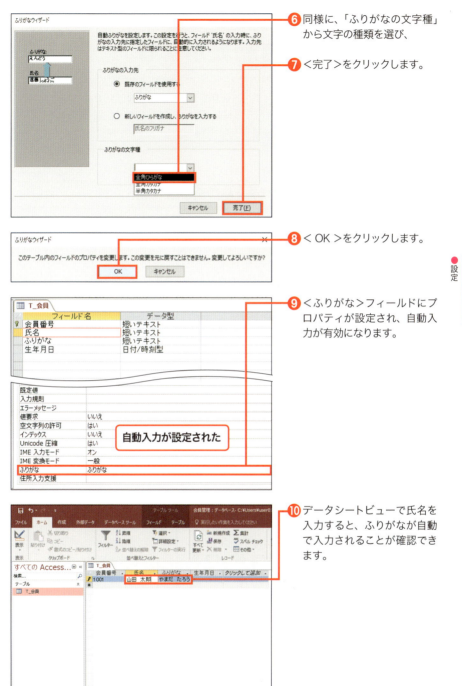

❻ 同様に、「ふりがなの文字種」から文字の種類を選び、

❼ <完了>をクリックします。

❽ < OK >をクリックします。

❾ <ふりがな>フィールドにプロパティが設定され、自動入力が有効になります。

❿ データシートビューで氏名を入力すると、ふりがなが自動で入力されることが確認できます。

SECTION 024 設定

第 2 章　まずはここから！テーブル作成テクニック

郵便番号から住所を自動表示する

＜住所入力支援＞プロパティを設定すると、郵便番号を入力した際に対応する住所が自動入力されるようになります。この設定を行うと、郵便番号ではなく、先に住所を入力することで、住所に対応する郵便番号を自動入力することもできます。

≫ ＜住所入力支援＞プロパティを設定する

❶ テーブルをデザインビューで開いて、

❷ ＜郵便番号＞フィールドをクリックします。

❸ フィールドプロパティの＜住所入力支援＞プロパティをクリックし、… をクリックします。

MEMO　住所の分割

ここで解説している手順では、郵便番号や住所がどのフィールドにどのような区分で入力されているか選択する必要があります（P.51手順❻～❼参照）。あらかじめ確認しておきましょう。

❹ 「郵便番号」から郵便番号を入力するフィールド（ここでは＜郵便番号＞）を選択して、

❺ ＜次へ＞をクリックします。

050

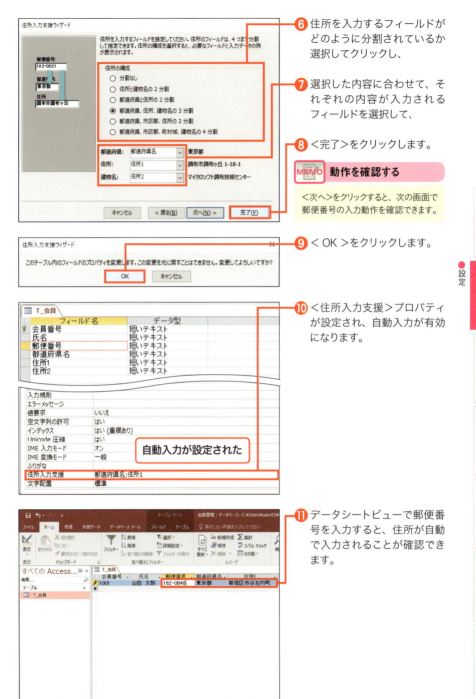

❻ 住所を入力するフィールドがどのように分割されているか選択してクリックし、

❼ 選択した内容に合わせて、それぞれの内容が入力されるフィールドを選択して、

❽ ＜完了＞をクリックします。

MEMO 動作を確認する

＜次へ＞をクリックすると、次の画面で郵便番号の入力動作を確認できます。

❾ ＜OK＞をクリックします。

❿ ＜住所入力支援＞プロパティが設定され、自動入力が有効になります。

⓫ データシートビューで郵便番号を入力すると、住所が自動で入力されることが確認できます。

051

SECTION 025 設定

入力するデータのサイズを指定する

<フィールドサイズ>プロパティでは、入力するデータの大きさを指定できます。なお、テーブルにデータを入力したあとでフィールドサイズの値を元の値よりも小さくすると、入力済みのデータが消えてしまうことがあるため注意しましょう。

≫ <フィールドサイズ>プロパティを設定する

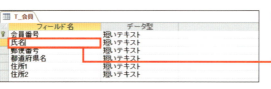

❶ テーブルをデザインビューで開いて、

❷ 設定するフィールド(ここでは<氏名>)をクリックします。

❸ <フィールドサイズ>プロパティをクリックし、

❹ 指定する内容(ここでは「20」文字まで)を入力すると、設定が反映されます。

COLUMN

フィールドサイズプロパティについて

<フィールドサイズ>プロパティで指定できる内容は、フィールドのデータ型によって異なります。

データ型		内容
短いテキスト		最大255までの文字数(Access 2010の場合は<テキスト型>)
オートナンバー型		<長整数型>または<レプリケーションID型>
数値型	バイト型	0〜255までの整数
	整数型	-32,768〜32,767の整数
	長整数型	-2,147,483,648〜2,147,483,647の整数
	単精度浮動小数点型	$-3.4×10^{38}$〜$+3.4×10^{38}$の値。小数点以下の数値も使用可
	倍精度浮動小数点型	$-1.797×10^{308}$〜$+1.797×10^{308}$の値。小数点以下の数値も使用可
	レプリケーションID型	個々のデータを識別するための値(GUID)を保存
	十進型	-10^{28}〜$+10^{28}$の数値

SECTION 026 設定

第2章 まずはここから！テーブル 作成テクニック

日本語入力モードを指定する

＜IME入力モード＞プロパティでは、フィールドに文字カーソルを移動したときの日本語入力モードの状態を指定できます。＜IME入力モード＞は、＜短いテキスト＞や＜長いテキスト＞といったデータ型で指定できます。

≫ ＜IME入力モード＞プロパティを設定する

＜会員番号＞フィールドの日本語入力モードをオフに設定します。

1. テーブルをデザインビューで開いて、
2. 設定するフィールド（ここでは＜会員番号＞）をクリックします。
3. ＜IME入力モード＞プロパティをクリックし、
4. ▼ をクリックして、
5. ＜オフ＞をクリックします。
6. ＜会員番号＞フィールドの日本語入力モードがオフになります。

COLUMN

＜プロパティの更新オプション＞

＜IME入力モード＞プロパティを指定すると、＜プロパティの更新オプション＞が表示されます。これをクリックすると、仮にこのテーブルを基に作成したフォームなどがある場合、フォーム側の同じフィールドの＜IME入力モード＞プロパティの設定を変更するか指定できます。変更を反映させるには、＜"○○"が使用されているすべての箇所でIME入力モードを更新します＞をクリックします。

053

SECTION 027 設定

第2章 まずはここから！テーブル作成テクニック

入力の形式を指定する

＜定型入力＞プロパティを設定すると、「英字2字＋数値4桁」など決まった形式で入力するフィールドのデータを、かんたんに入力できるようになります。データ入力時には、入力する数字や英字の桁を示す記号や区切り文字などが表示されます。

≫ 定型入力の指定方法

＜定型入力＞プロパティでは、3つの情報を「;（セミコロン）」で区切って指定します。

標準	ルックアップ
フィールドサイズ	255
書式	
定型入力	>LL"-"0000;1;*
標題	
既定値	

❶ 入力時の形式を指定し、

❷ 入力時に表示する「-（ハイフン）」などの文字をデータとして保存する（「0」）かしない（「1」）かを指定します（省略時は「1」）。

❸ 入力時に表示する記号を指定します。省略時は「_（アンダースコア）」になります。

📄 COLUMN

入力時の形式の指定

形式の指定に利用する記号とその内容は以下のとおりです。

記号	内容
0	半角数字1字。省略不可
9	半角数字1字。省略可
#	半角数字、スペース、正または負の記号（+、-）1字（入力を省略した場合はスペースが入力される）
L	半角英字1字。省略不可
?	半角英字1字。省略可
A	半角英字または数字1字。省略不可
a	半角英字または数字1字。省略可
&	半角英字またはスペース1字。省略不可

記号	内容
C	半角英字またはスペース1字。省略可
. , : ; - /	小数点、桁区切りのカンマ、日付などの区切り記号（P.55 下段 MEMO 参照）
> (<)	この記号のあとの英字をすべて大文字（小文字）に変換
!	この記号のあとに入力された文字が省略された場合、文字を右に詰める
¥	この記号のあとに指定された文字をそのまま表示
"文字"	""で囲った文字（ここでは「文字」）をそのまま表示

≫ ＜定型入力＞プロパティを設定する

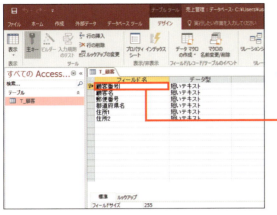

＜顧客番号＞の入力形式を「英字2字＋数値4桁」に指定します。

❶ テーブルをデザインビューで開いて、

❷ 設定するフィールド（ここでは＜顧客番号＞）をクリックします。

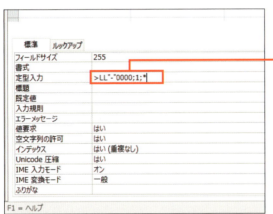

❸ ＜定型入力＞プロパティをクリックし、

❹ 入力時の形式を指定します。

MEMO 保存されるデータ

P.54手順❷では、入力時に表示する記号をデータとして保存するか指定します。たとえば、「>L"-"000;;*」の場合に「S101」と入力すると「S101」が保存され、「>L"-"000;0;*」の場合に「「S101」と入力すると「S-101」が保存されます。

❺ 定型入力が設定されます。

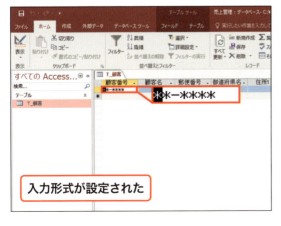

入力形式が設定された

MEMO 区切り記号の文字

P.54COLUMN内の日付や時刻などを入力するときの区切り記号は、、コントロールパネルの[地域]の設定で指定されているものを使用します。たとえば、日付の区切り文字には、一般的に「/」を使用します。

055

SECTION 028 設定

入力の既定値を設定する

＜既定値＞プロパティを利用すると、新規データを入力するときの既定の文字を指定することができます。既定値に文字列を指定したあと、ほかの欄をクリックすると、文字列が「"(ダブルクォーテーション)」で囲まれます。

≫ ＜既定値＞プロパティを設定する

＜種別記号＞に既定値「S」を入力します。

❶ テーブルをデザインビューで開いて、

❷ 設定するフィールド（ここでは＜種別記号＞）をクリックします。

❸ ＜既定値＞プロパティをクリックし、

❹ 既定値を入力します。

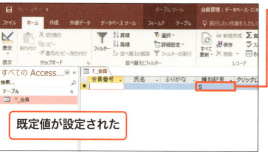

❺ 既定値が設定され、自動で「S」が入力されます。

既定値が設定された

SECTION 029 設定

データが入力されているかをチェックする

入力必須の項目がある場合は、そのフィールドの＜値要求＞プロパティを設定します。＜値要求＞プロパティを「はい」にすると、そのフィールドが未入力のままデータを保存しようとすると、データの入力を促すメッセージが表示されます。

＜値要求＞プロパティを設定する

＜氏名＞フィールドを入力必須にします。

❶ テーブルをデザインビューで開いて、

❷ 設定するフィールド（ここでは＜氏名＞）をクリックします。

❸ ＜値要求＞プロパティをクリックし、

❹ ▽ をクリックして、

❺ ＜はい＞をクリックします。

値要求が設定された

❻ ＜値要求＞プロパティの設定により、未入力のままデータを保存できなくなります。

MEMO ＜空文字の許可＞プロパティ

＜空文字の許可＞プロパティを「いいえ」にすると、長さ0の文字（""）の入力を許可しない設定になります。＜値要求＞や＜空文字の許可＞プロパティの設定の組み合わせによって入力できる値を制限できます。

057

SECTION 030 設定

第2章 まずはここから！テーブル作成テクニック

入力データの値をチェックする

フィールドにデータを入力するときの入力ルールを指定するには、＜入力規則＞プロパティを指定します。また、＜入力規則＞プロパティのルールに合わないデータを入力した場合は、＜エラーメッセージ＞プロパティで指定したメッセージが表示されます。

≫ ＜入力規則＞プロパティを設定する

＜登録日＞フィールドに、今日以前の日付しか入力できないようにします。

❶ テーブルをデザインビューで開いて、

❷ 設定するフィールド（ここでは＜登録日＞）をクリックします。

❸ ＜入力規則＞プロパティをクリックし、

❹ 「<=Date()」と入力します。

❺ ＜エラーメッセージ＞プロパティをクリックし、

❻ メッセージの内容を入力します。

❼ ＜入力規則＞プロパティや＜エラーメッセージ＞プロパティが設定されます。

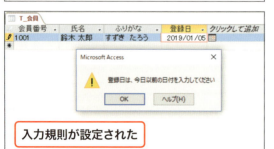

入力規則が設定された

058

SECTION 031 入力

テーブルにデータを入力する

データを効率よく入力するにはフォームを利用すると便利ですが、ここでは、テーブルのデータシートビューで直接データを入力してみましょう。入力したデータは、ほかのレコードに移動したりオブジェクトを閉じたりといったタイミングで自動的に保存されます。

データを直接入力する

❶ テーブルをデータシートビューで開いて、

❷ 1件目の左端のフィールドをクリックしてデータを入力します。

❸ 入力が終わったら Tab キーを押すと、

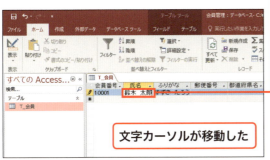

❹ 入力が確定し、文字カーソルが右に移動します。

MEMO カーソルの移動

Enter キーを押しても、文字カーソルを右に移動させることができます。また、Shift + Tab キーを押すと、文字カーソルが左に移動します。矢印キーを使って上下左右に移動することも可能です。

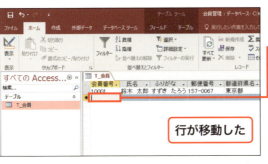

❺ 右端のフィールドで Tab キーを押すと、

❻ 次の行の左端に文字カーソルが移動します。

MEMO 行セレクターの表示

編集中のレコードの行セレクターには が、新規レコードの行セレクターには ※ が表示されます。

059

SECTION 032 入力

第2章 まずはここから！テーブル作成テクニック

データに書式を設定する

テーブルのデータを見やすく表示するには、フォームを利用しますが、テーブルのデータシートビューでも、文字の表示方法などは変更できます。文字が読みづらい場合は、フォントや背景の色などを変更してデータを確認しましょう。

≫ フォントを変更する

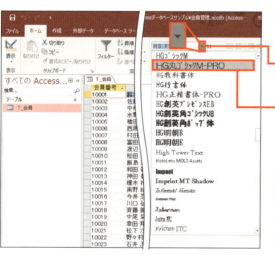

❶ テーブルをデータシートビューで開いて、

❷ <ホーム>タブの<フォント>の ▼ をクリックし、

❸ 表示される一覧から設定するフォント（ここでは<HG丸ゴシックM-PRO>）をクリックします。

MEMO 文字の大きさを変更する

文字の大きさを変更するには、<ホーム>タブの<フォントサイズ>の ▼ をクリックして文字サイズを選択します。

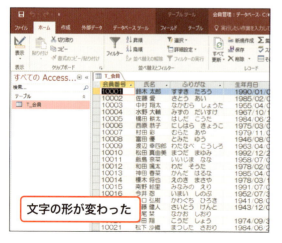

❹ テーブル全体のフォントが変わります。

MEMO プロポーショナルフォント

フォント名の一部には「MS Pゴシック」のように「P」の文字が付いています。これはプロポーショナルフォントを意味し、文字幅が文字ごとに調整して表示されます。

≫ 背景の色を変更する

文字の背景の色を変更します。

❶ テーブルをデータシートビューで開いて、

❷ <ホーム>タブの<背景色>の ▼ をクリックし、

❸ 表示される一覧から設定する色をクリックします。

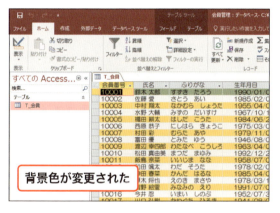

❹ 背景の色が変わります。

MEMO 表示形式を指定する

日付や数値などの表示形式を指定するには、フィールドの<書式>プロパティから表示形式の内容を指定できます。

COLUMN

1行おきに色を指定する

1行おきに色を指定するには、<ホーム>タブの<交互の行の色> ▦ をクリックして色を選択します。このとき、▼をクリックすると一覧から色を指定できます。

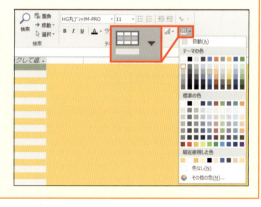

061

SECTION 033 入力

リストから選択して入力する

データを入力するときに、指定した選択肢やほかのテーブルの値などをリストに表示して選択できるタイプのフィールドをルックアップフィールドといいます。入力候補から入力する値を選択できるので、入力ミスなどを防ぐことができます。

≫ ルックアップウィザードの画面を表示する

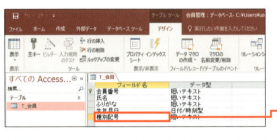

<種別記号>を選択するリストを作成します。

❶ テーブルをデザインビューで開いて、

❷ フィールド（ここでは<種別記号>）をクリックします。

❸ <データ型>の ▽ をクリックし、

❹ <ルックアップウィザード>をクリックします。

❺ <表示する値をここで指定する>をクリックし、

❻ <次へ>をクリックします。

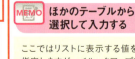

MEMO ほかのテーブルから選択して入力する

ここではリストに表示する値を直接指定しますが、<ルックアップフィールドの値を別のテーブルまたはクエリから取得する>をクリックして、ほかのテーブルやクエリにある値を選択することもできます（P.64参照）。

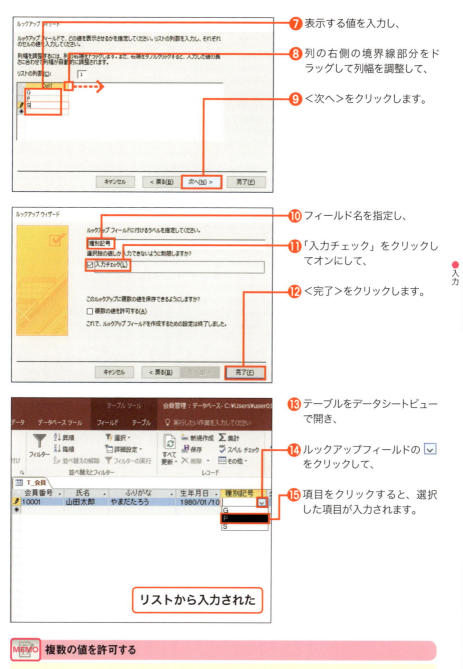

❼ 表示する値を入力し、

❽ 列の右側の境界線部分をドラッグして列幅を調整して、

❾ <次へ>をクリックします。

❿ フィールド名を指定し、

⓫ 「入力チェック」をクリックしてオンにして、

⓬ <完了>をクリックします。

⓭ テーブルをデータシートビューで開き、

⓮ ルックアップフィールドの ▽ をクリックして、

⓯ 項目をクリックすると、選択した項目が入力されます。

MEMO 複数の値を許可する

入力データを選択するときに、チェックボックスから複数の値の入力を許可するには、手順❿の画面で<複数の値を許可する>にチェックを付けます。

063

第 2 章 まずはここから！テーブル 作成テクニック

SECTION 034 入力
ほかのテーブルの値を入力する

ルックアップフィールドを利用すると、データを入力する際の選択肢として、ほかのテーブルやクエリの値を表示できます。この設定を行うと、値を参照するテーブルとの間にリレーションシップ（P.80参照）が設定されます。

≫ ほかのテーブルの値を利用する

「T_会員」の＜種別記号＞フィールドの値を「T_種別」テーブルの＜種別＞フィールドから選択できるようにします。

❶ テーブルをデザインビューで開いて、

❷ フィールド（ここでは＜種別記号＞）をクリックします。

❸ ＜データ型＞の ▽ をクリックし、

❹ ＜ルックアップウィザード＞をクリックします。

❺ ＜ルックアップフィールドの値を別のテーブルまたはクエリから取得する＞をクリックし、

❻ ＜次へ＞をクリックします。

値を指定する

＜表示する値をここで指定する＞をクリックし、リストに表示する値を直接指定することもできます（P.62参照）。

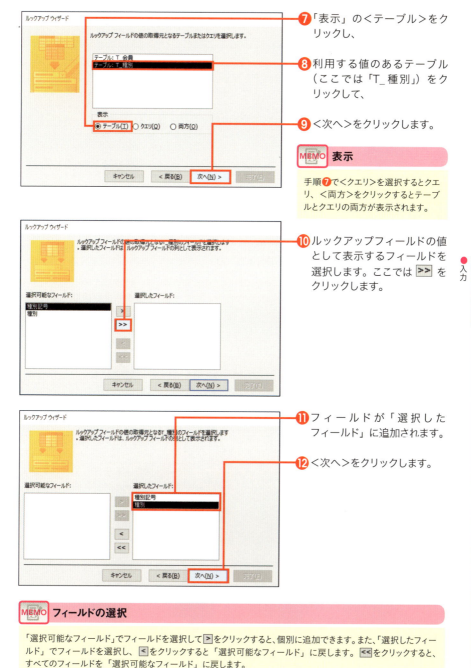

❼「表示」の＜テーブル＞をクリックし、

❽利用する値のあるテーブル（ここでは「T_種別」）をクリックして、

❾＜次へ＞をクリックします。

MEMO 表示

手順❼で＜クエリ＞を選択するとクエリ、＜両方＞をクリックするとテーブルとクエリの両方が表示されます。

❿ルックアップフィールドの値として表示するフィールドを選択します。ここでは >> をクリックします。

⓫フィールドが「選択したフィールド」に追加されます。

⓬＜次へ＞をクリックします。

MEMO フィールドの選択

「選択可能なフィールド」でフィールドを選択して > をクリックすると、個別に追加できます。また、「選択したフィールド」でフィールドを選択し、< をクリックすると「選択可能なフィールド」に戻します。<< をクリックすると、すべてのフィールドを「選択可能なフィールド」に戻します。

065

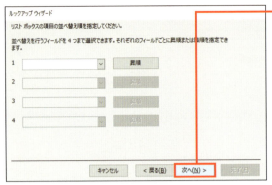

⓭ 並べ替え順の指定画面が表示されます。ここでは、並べ替え条件を指定せずに＜次へ＞をクリックします。

MEMO 並べる順番

値を表示するときの並び順を指定する場合は、並び順の基準にするフィールドを選択して、＜昇順＞＜降順＞を指定します。並べ替えを行うフィールドは4つまで指定できます。

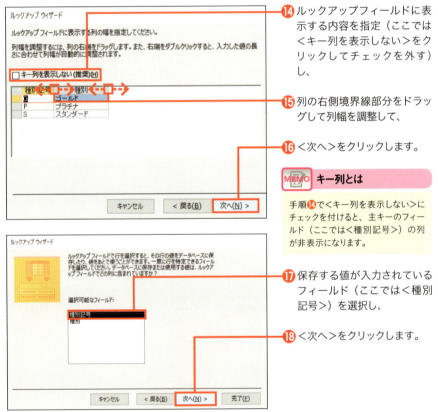

⓮ ルックアップフィールドに表示する内容を指定（ここでは＜キー列を表示しない＞をクリックしてチェックを外す）し、

⓯ 列の右側境界線部分をドラッグして列幅を調整して、

⓰ ＜次へ＞をクリックします。

MEMO キー列とは

手順⓮で＜キー列を表示しない＞にチェックを付けると、主キーのフィールド（ここでは＜種別記号＞）の列が非表示になります。

⓱ 保存する値が入力されているフィールド（ここでは＜種別記号＞）を選択し、

⓲ ＜次へ＞をクリックします。

MEMO 保存する値について

ここでは、ルックアップフィールドにデータを入力するとき、＜種別記号＞と＜種別＞の列が表示されます。ルックアップフィールドには＜種別記号＞の値を保存するため、手順⓱では＜種別記号＞を選択しています。

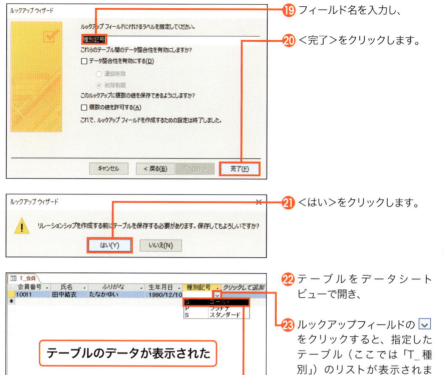

⑲ フィールド名を入力し、

⑳ ＜完了＞をクリックします。

㉑ ＜はい＞をクリックします。

㉒ テーブルをデータシートビューで開き、

㉓ ルックアップフィールドの ▼ をクリックすると、指定したテーブル（ここでは「T_種別」）のリストが表示されます。

㉔ 入力する項目をクリックすると、選択した項目の＜種別記号＞の値が入力されます。

テーブルのデータが表示された

COLUMN

ルックアップフィールドの設定

ルックアップフィールドをクリックし、＜フィールドプロパティ＞の＜ルックアップ＞タブをクリックすると、ルックアップフィールドの設定内容を確認または変更できます。

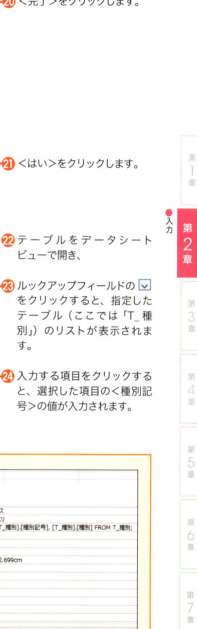

067

SECTION 035 入力

ハイパーリンクを追加する

フィールドのデータ型をハイパーリンク型にすると、ホームページやメールアドレス、ドキュメントへのリンク情報を保存できます。リンクをクリックすると、ブラウザーやメールの作成画面、リンク先のドキュメントなどをかんたんに表示できます。

≫ リンク先を入力する

＜商品紹介サイト＞フィールドのデータ型をハイパーリンク型に設定します。

1 デザインビューで設定したいフィールド（ここでは＜商品紹介サイト＞）の＜データ型＞で ▽ をクリックし、

2 ＜ハイパーリンク型＞をクリックします。

3 リンク先を入力すると、自動的にリンクが設定されるようになります。

ハイパーリンクが設定された

COLUMN

ハイパーリンクの編集

ハイパーリンクを編集するには、リンクが設定された箇所を右クリックし、＜ハイパーリンク＞→＜ハイパーリンクの編集＞の順にクリックします。表示される画面の＜リンク先＞でリンク先の種類を指定してリンク先を指定します。また、＜表示文字列＞でリンク先として表示する文字、＜ヒント設定＞でリンク先にマウスポインターを合わせたときに表示する文字を指定できます。

SECTION 036 入力

添付ファイルを追加する

添付ファイル型のフィールドには、画像ファイルやOfficeソフトで作成したファイルなど、さまざまなファイルを添付できます。添付ファイルを追加したり開いたりするには、「添付ファイル」画面を開いて操作します。

≫ ファイルを添付する

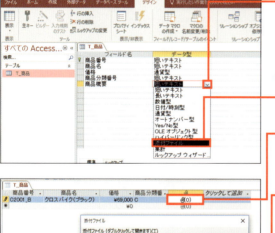

❶ デザインビューから設定するフィールド（ここでは＜商品概要＞）の＜データ型＞で ▽ をクリックし、

❷ ＜添付ファイル＞をクリックします。

❸ ＜商品概要＞フィールドに表示される [U(0)] をダブルクリックし、

❹ 「添付ファイル」画面の＜追加＞をクリックしてファイルを選択して、

❺ ＜ OK ＞をクリックします。

MEMO 添付されたファイル

添付されたファイルの個数は、[U(0)] のカッコ内に表示されます。添付ファイルを編集する場合は、[U(0)] をダブルクリックします。

ファイルが添付された

❻ ファイルが添付されます。

❼ [U(0)] をダブルクリックし、表示される画面の添付ファイルを再度ダブルクリックすると、添付ファイルが表示されます。

069

SECTION 037 列の幅を変更する

表示

第2章 まずはここから！テーブル作成テクニック

テーブルでデータを入力したり、表示したりするときの各フィールドの列幅は、ドラッグ操作で自由に変更できます。文字が見えるように調整しましょう。また、データの長さに合わせて列幅を自動的に調整することもできます。

≫ 列幅を自動調整する

① テーブルをデータシートビューで開いて、

② 左上隅の □ をクリックしてすべてのフィールドを選択します。

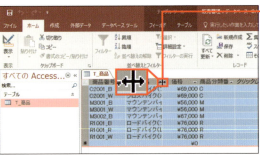

③ フィールドセレクターの右側にある境界線をダブルクリックします。

MEMO ドラッグによる調整

境界線を左右にドラッグすると、列幅を任意の大きさに変更することができます。

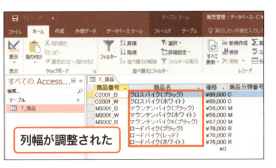

列幅が調整された

④ 列幅が自動で調整されます。

MEMO 行の高さ

行の高さを変更するには、行セレクター（P.74参照）の上下の境界線部分を上下にドラッグします。

SECTION 038 表示

列の表示順を変更する

列の幅や行の高さと同様に、データベースファイルの各フィールドの表示順は、ドラッグ操作で自由に変更できます。なお、デザインビューでフィールドの順番を変更すると、データシートビューにも変更が反映されます（P.38参照）。

列を並べ替える

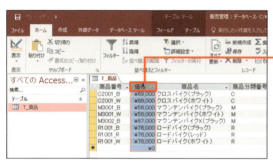

① テーブルをデータシートビューで開いて、

② 移動する列のフィールドセレクターをクリックして選択します。

③ 移動したい位置にドラッグします。

クリックする位置

フィールドセレクターにマウスポインターを合わせると、マウスポインターの形が↓になります。このときにクリックすると、列全体が選択できます。

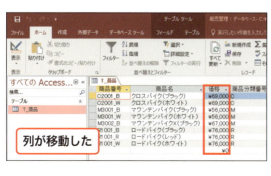

④ 列がドラッグした位置に移動します。

列の幅

移動する際、列の幅はそのまま維持されます。

071

SECTION 039 表示

第 2 章 まずはここから！テーブル作成テクニック

列の表示／非表示を切り替える

テーブルのデータを表示するときなどに、フィールドの数が多くてデータが見づらい場合は、必要な列以外を非表示にすると見やすくなります。列を非表示にしてもその部分のデータは残っており、かんたんに再表示できます。

≫ 列を非表示にする

❶ テーブルをデータシートビューで開いて、

❷ 非表示にする列のフィールドセレクターを選択します。

MEMO ドラッグで選択

フィールドセレクター部分をドラッグすることで、複数の列を同時に選択できます。

❸ <ホーム>タブの<その他>をクリックし、

❹ <フィールドの非表示>をクリックします。

❺ 列が非表示になります。

MEMO フィールドの再表示

非表示にしたフィールドを再度表示したい場合は、手順❹の画面で<フィールドの再表示>をクリックし、表示される画面でフィールドを選択して<閉じる>をクリックします。

072

第 2 章 まずはここから！テーブル作成テクニック

SECTION 040 表示

列を固定して表示する

テーブルでデータの入力や確認をする際、フィールドの数が多いと、画面を横にスクロールしたときに、左側のフィールドが隠れてしまいます。常に表示しておきたいフィールドは、表示を固定しておくと見やすくなります。

≫ フィールドを固定する

❶ テーブルをデータシートビューで開いて、

❷ 固定したい列のフィールドセレクターを選択します。

MEMO ドラッグで選択

フィールドセレクターをドラッグすると、複数の列を同時に固定できます。

❸ ＜ホーム＞タブの＜その他＞をクリックし、

❹ ＜フィールドの固定＞をクリックします。

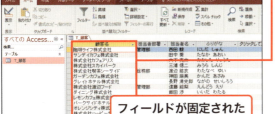

フィールドが固定された

❺ 選択したフィールドが左端に固定され、スクロールしても消えなくなります。

MEMO 固定の解除

列の固定を解除するには、手順❹で＜すべてのフィールドの固定解除＞をクリックします。なお、列の固定を解除しても、表示位置は左端のまま変わりません。必要に応じて列の表示位置を変更しましょう（P71参照）。

073

SECTION 041 編集

データを削除する

テーブルに入力したレコードは、レコード単位で削除できます。ただし、削除したレコードは元に戻すことができないので注意が必要です。データを削除する前に、データのバックアップを作成しておきましょう（P.332参照）。

≫ レコードを削除する

❶ テーブルをデータシートビューで開いて、

❷ 削除するレコードの行セレクターをクリックします。

❸ <ホーム>タブの<削除>をクリックし、

❹ <はい>をクリックします。

MEMO Delete キー

手順❷のあとで、Delete キーを押してもデータを削除できます。

❺ レコードが削除されます。削除された部分は詰めて表示されます。

MEMO 削除対象

手順❷でフィールドセレクターをクリックしていると列が削除されます。また、<削除>の▼をクリックすると、削除する対象を選択することができます。

SECTION 042 編集

データをコピー&ペーストする

似たようなデータを複数入力する場合などは、コピー&ペーストを利用しましょう。入力の手間が省けて便利です。複数のデータをまとめてコピーしたり、テーブルなどのオブジェクトをコピーしたりもできます。

≫ データをコピーして貼り付ける

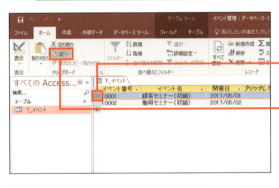

① テーブルをデータシートビューで開いて、

② コピーしたいレコードの行セレクターをクリックし、

③ <ホーム>タブの<コピー>をクリックします。

MEMO キーボードショートカット

コピーは Ctrl + C キー、貼り付けは Ctrl + V キーを押して実行できます。

④ 貼り付け先の行セレクターをクリックして、

⑤ <ホーム>タブの<貼り付け>をクリックします。

⑥ レコードが貼り付けられます。主キー(P.40参照)のフィールドなどはほかのレコードと同じデータを入れて保存できないので、必要に応じてデータを編集します。

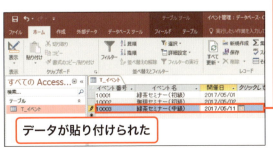

データが貼り付けられた

MEMO 貼り付けの形式

手順⑤で<貼り付け>の ▼ をクリックすると、貼り付けの形式を選択することができます。

075

第 2 章 まずはここから！テーブル作成テクニック

SECTION 043 編集
データを並べ替える

テーブルのデータを並べ替えて表示します。並べ替えの順は、値の小さなものから並べる「昇順」と大きなものから並べる「降順」から選択でき、並べ替えが設定されているフィールドには条件の指定を示す印が表示されます。

▶ データを並べ替える

<ふりがな>フィールドを「昇順」で並べ替えます。

❶ テーブルをデータシートビューで開いて、

❷ 並べ替えの基準にするフィールド内をクリックし、

❸ <ホーム>タブの<昇順>をクリックするか、フィールドセレクターの ▼ をクリックして<昇順で並べ替え>をクリックします。

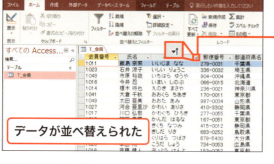

データが並べ替えられた

❹ データが並べ替えられ、フィールドセレクターに条件が指定されていることを示す印が表示されます。

MEMO　並べ替えの解除

<ホーム>タブの<並べ替えの解除>をクリックすると、並べ替えが解除されます。

COLUMN

数値の並べ替え

データ型がテキスト型になっていると、数値がうまく並べ替えられない場合があります。その際は、フィールドのデータ型を<数値型>に変更しましょう。そのままにしたい場合は、「1」を「01」とするなどの工夫が必要です。

076

SECTION 044 編集

第2章 まずはここから！テーブル作成テクニック

データを検索／置換する

データの数が増えてくると、特定の文字を探して修正したりする際にデータを目で追って処理することが難しくなります。修正漏れなどのミスを防ぐためにも、Accessの検索や置換の機能を使って、効率よく作業しましょう。

データを検索する

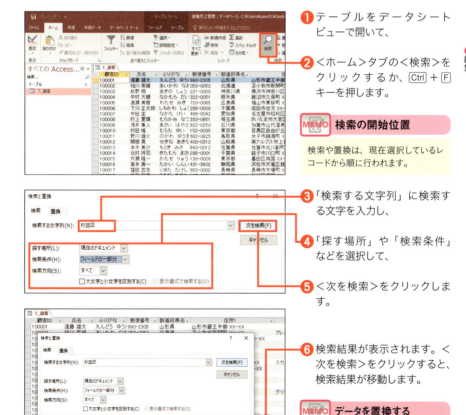

❶ テーブルをデータシートビューで開いて、

❷ <ホーム>タブの<検索>をクリックするか、Ctrl + F キーを押します。

MEMO 検索の開始位置
検索や置換は、現在選択しているレコードから順に行われます。

❸ 「検索する文字列」に検索する文字を入力し、

❹ 「探す場所」や「検索条件」などを選択して、

❺ <次を検索>をクリックします。

❻ 検索結果が表示されます。<次を検索>をクリックすると、検索結果が移動します。

MEMO データを置換する
手順❷で<置換>をクリックする（またはCtrl + Hキーを押す）か、手順❸で<置換>をクリックすると、データの置換ができます。

第 2 章 まずはここから！テーブル作成テクニック

SECTION 045 編集

データを抽出する

ある条件に一致するデータを絞り込んで表示する際は一般的にクエリ（P.96参照）を利用しますが、テーブルでもかんたんな絞り込みができます。単純な条件で一時的にデータを絞り込んで表示する場合などは、フィルターを利用して抽出します。

≫ 条件を指定してデータを抽出する

特定の県のデータのみを抽出します。

❶ テーブルをデータシートビューで開いて、

❷ 抽出条件を指定するフィールドでフィールドセレクターの ▼ をクリックします。

❸ ＜（すべて選択）＞をクリックしてチェックを外し、

❹ 抽出条件に指定する項目をクリックしてチェックを付けて、

❺ ＜OK＞をクリックします。

❻ 手順❺で指定した条件に合致するデータが抽出されて表示されます。

データが抽出された

MEMO フィルターの保存と解除

手順❹で設定したフィルター条件は自動的に保存され、＜ホーム＞タブの＜フィルターの実行＞をクリックすることで実行するかどうかを切り替えられます。設定したフィルター条件を解除する方法はP.79で解説しています。

078

SECTION 046 編集

データの抽出を解除する

データの抽出条件を解除してすべてのデータを表示するには、フィルターを解除します。複数のフィールドにフィルター条件を指定している場合、すべてのフィルター条件をまとめて解除できます。特定のフィールドのフィルター条件のみ解除することもできます。

フィルター条件を解除する

❶ フィルターを実行しているテーブルをデータシートビューで開いて、

❷ <ホーム>タブの<詳細設定>をクリックします。

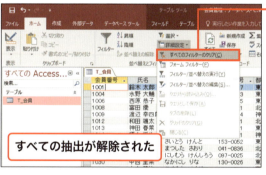

❸ <すべてのフィルターをクリア>をクリックすると、

❹ 設定されているすべてのフィルター条件が解除されます。

MEMO フィルターの編集

手順❸の画面で<フィルター/並べ替えの編集>をクリックすると、抽出や並べ替えの条件を変更することができます。

❺ フィールドごとにクリアしたい場合は、対象のフィールドのフィールドセレクターで ▼ をクリックします。

❻ <"○○"のフィルターをクリア>をクリックすると、そのフィールドのフィルター条件が解除されます。

079

SECTION 047 応用
リレーションシップを設定する

第 2 章　まずはここから！テーブル作成テクニック

Accessでは、売上データなどを管理するデータベースを作成するとき、テーマごとに複数のテーブルを作成し、必要に応じて別テーブルのデータを参照して活用するしくみを作ります。このしくみをリレーションシップといいます。

≫ リレーションシップとは

明細番号	注文番号	注文日	顧客名	郵便番号	顧客住所	商品名	価格	数量
A-1	T-1	2017/5/1	山田商会	160-0000	東京都新宿区…	収納庫	29800	1
A-2	T-1	20175/1	山田商会	160-0000	東京都新宿区…	台車	6500	2
A-3	T-2	2017/5/3	田中屋	060-0000	北海道札幌市…	収納庫	29800	1
A-4	T-3	2017/5/5	渡辺商店	900-0000	沖縄県那覇…	脚立	7800	1
…	…	…	…	…				

1つのテーブルで管理する場合

売上データなどを管理するとき、注文内容や顧客や商品などの情報を1つのテーブルにまとめると、作成は手軽な反面フィールドの数が増えてファイルサイズが膨大になり、データの修正なども手間がかかります。

・作成はかんたん
・同じ情報を何度も入力する必要がある
・修正時に該当部をすべて探す必要がある

顧客を管理するテーブル

顧客番号	顧客名	郵便番号	顧客住所	顧客連絡先
K-1	山田商会	160-0000	東京都新宿区…	03-0000-XXXX
K-2	田中屋	160-0000	北海道札幌市…	011-000-XXXX
K-3	渡辺商店	900-0000	沖縄県那覇市…	
…	…	…	…	

注文を管理するテーブル

注文番号	注文日	顧客番号
T-1	2017/5/1	K-1
T-2	2017/5/3	K-2

リレーションシップを利用する場合

テーマごとに異なるテーブルでデータを管理し、共通のフィールドを通じてほかのテーブルのデータを参照するしくみを作成すれば、データの管理がしやすくなり、修正の手間も少なくなります。また、ほかのオブジェクトなどを利用して、顧客ごとの売上明細を表示・印刷するなど、表示画面や印刷画面のレイアウトを柔軟に整えられます。

・修正の手間が少ない
・必要なデータがすぐに参照できる
・レイアウトの調整がかんたんになる

主キーと外部キー

リレーションシップを設定するには、2つのテーブルの共通のフィールドを結びつけます。多くの場合、共通のフィールドは、一方が外部キーでもう一方が主キーのフィールドです。外部キーとは、別のテーブルのデータを参照するために用意するフィールドです。

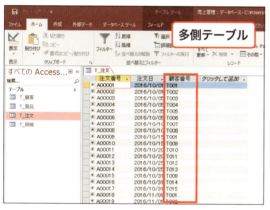

主キー（P.40参照）のフィールドの値は、レコードを識別する固有の値が入るため、主キーのフィールドの値を手掛かりにデータを参照できます。なお、共通のフィールドが主キーの方のテーブルを一側テーブルといい、外部キーの方のテーブルを多側テーブルといいます。

COLUMN

共通のフィールド型について

リレーションシップを設定する際、共通の2つのフィールドを結び付けます。2つのフィールドは、次のルールに従って作成します。

- フィールドのデータ型を同じにする
- フィールドプロパティのフィールドサイズも同じにする
  ※2つのフィールドのフィールド名は同じでなくても構わない

ただし、主キーの側のフィールドがオートナンバー型（P.36参照）のフィールドとリレーションシップを設定する場合、もう一方のフィールドのデータ型は数値型にします。このとき、オートナンバー型と数値型フィールドのフィールドサイズは長整数型（P.52参照）にします。

≫ リレーションシップを設定する

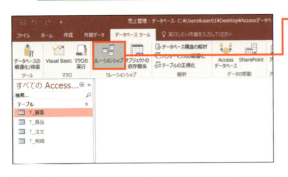

❶ <データベースツール>タブの<リレーションシップ>をクリックします。

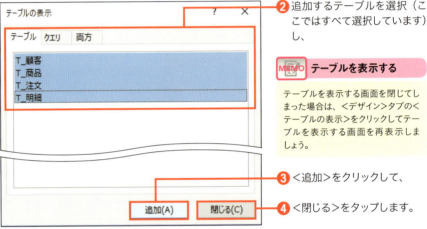

❷ 追加するテーブルを選択（ここではすべて選択しています）し、

MEMO テーブルを表示する

テーブルを表示する画面を閉じてしまった場合は、<デザイン>タブの<テーブルの表示>をクリックしてテーブルを表示する画面を再表示しましょう。

❸ <追加>をクリックして、

❹ <閉じる>をタップします。

❺ リレーションシップウィンドウが開き、テーブルなどのフィールドの一覧がフィールドリストとして表示されます。

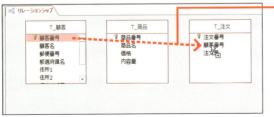

❻ 共通のフィールド（ここでは「T_顧客」テーブルの<顧客番号>フィールドと「T_注文」テーブルの<顧客番号>フィールド）に向かってドラッグします。

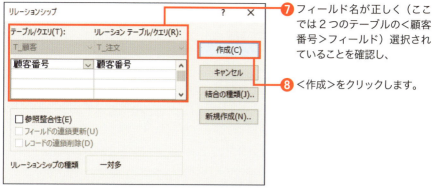

❼ フィールド名が正しく（ここでは2つのテーブルの＜顧客番号＞フィールド）選択されていることを確認し、

❽ ＜作成＞をクリックします。

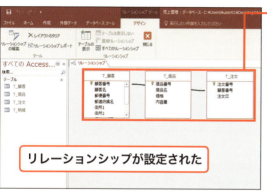

❾ リレーションシップが設定されます。同様に、ほかのリレーションシップを設定します。

リレーションシップが設定された

COLUMN

サブデータシート

リレーションシップを設定したテーブルをデータシートビューで開くと、関連付けが設定されたほかのテーブルのデータがサブデータシートに表示されます。レコードセレクターの横の ➕ をクリックすると、サブデータシートが表示されます。

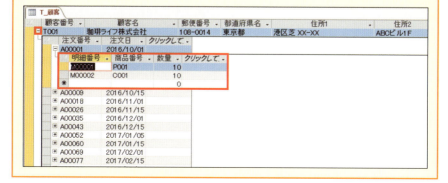

SECTION 048 応用

フィールドリストの配置を変更する

リレーションシップウィンドウに表示したフィールドリスト（P.82参照）の配置は、フィールドリストのタイトルバーをドラッグして変更できます。リレーションシップを設定するときは、設定や確認がしやすいように配置を整えるとよいでしょう。

≫ フィールドリストを移動させる

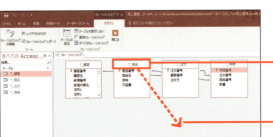

1. リレーションシップウィンドウを表示し（P.82参照）、
2. フィールドリストのタイトルバーにマウスポインターを移動して、
3. 移動先に向かってドラッグします。
4. フィールドリストが移動します。このとき、リレーションシップを示す線も合わせて移動します。

📎 COLUMN

テーブルをあとから追加する

リレーションシップウィンドウに表示するテーブルを追加するには、＜リレーションシップツール＞の＜デザイン＞タブで＜テーブルの表示＞をクリックします。表示される画面から、追加するテーブルを選択して＜追加＞をクリックします。

SECTION 049 応用

第2章 まずはここから！テーブル作成テクニック

フィールドリストの サイズを変更する

フィールドの数が多い場合は、フィールドリストにすべてのフィールドが表示されないためスクロールバーが表示されます。すべてのフィールドが見えるようにするには、フィールドリストのサイズを大きくします。

≫ フィールドリストを拡大する

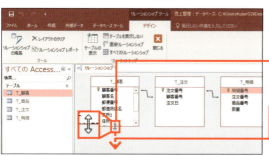

❶ リレーションシップウィンドウを表示し（P.82参照）、

❷ フィールドリストの外枠にマウスポインターを移動して、

❸ 形が ⇕ に変わったらドラッグします。

❹ フィールドリストの大きさが変わり、表示範囲が拡がります。

> **MEMO テーブルの非表示**
>
> テーブルのフィールドリストを非表示にするには、フィールドリストのタイトルバーをクリックし、＜リレーションシップツール＞の＜デザイン＞タブで＜テーブルを表示しない＞をクリックするか、Deleteキーを押します。テーブルが非表示になりますが、リレーションシップの設定は残ります。

COLUMN

レイアウトのクリア

レイアウトの設定を解除する場合は、＜リレーションシップツール＞の＜デザイン＞タブで＜レイアウトのクリア＞をクリックします。レイアウトの設定が解除され、すべてのテーブルのフィールドリストが非表示になりますが、リレーションシップの設定は残ります。

085

SECTION 050 応用

第2章 まずはここから！テーブル作成テクニック

リレーションシップを編集／解除する

リレーションシップを間違って設定してしまったり、あとから設定内容を修正したりといった場合は、結合線の斜めの箇所を右クリックして、編集画面を表示します。また、リレーションシップを解除して、改めて設定することもできます。

≫ リレーションシップを修正する

❶ リレーションシップウィンドウを表示し（P.82参照）、

❷ 解除したいリレーションシップの斜めの線をクリックして、

❸ ＜リレーションシップツール＞の＜デザイン＞タブで＜リレーションシップの編集＞をクリックします。

❹ 必要に応じてリレーションシップの設定を修正（ここでは＜注文番号＞フィールドから＜顧客番号＞フィールドに変更）し、

❺ ＜OK＞をクリックすると、修正が反映されます。

MEMO キーボードでの操作

結合線をクリックして Delete キーを押しても、同様にリレーションシップを解除できます。

❻ 手順❸で＜ホーム＞タブの＜削除＞をクリックし、

❼ ＜はい＞をクリックすると、結合線が削除されます。

SECTION 051 応用

リレーションシップウィンドウを閉じる

リレーションシップの設定が終わったら、リレーションシップウィンドウを閉じましょう。リレーションシップの設定自体は自動で保存されますが、フィールドリストの配置などを変更していると、レイアウトの保存確認メッセージが表示されます。

≫ レイアウトを保存してリレーションシップウィンドウを閉じる

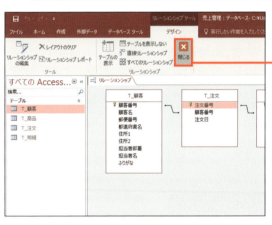

❶ リレーションシップウィンドウを表示し（P.82参照）、

❷ ＜リレーションシップツール＞の＜デザイン＞タブで＜閉じる＞をクリックします。

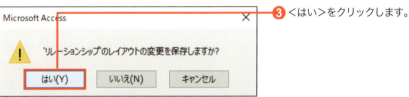

❸ ＜はい＞をクリックします。

❹ リレーションシップウィンドウが終了します。

MEMO リレーションシップの設定

＜いいえ＞を選択した場合でも、リレーションシップの設定は保存されています。

087

SECTION 052 応用

第2章 まずはここから！テーブル作成テクニック

参照整合性を設定する

リレーションシップを設定しても、データの編集や入力を繰り返すうちに間違ったデータが入力されて、ほかのテーブルのデータを正しく参照できなくなってしまうことがあります。正しくデータを参照するしくみを保つには、参照整合性の設定を行います。

参照整合性とは

参照整合性を設定すると、以下のルールが加わります。

多側テーブルの外部キーフィールドに、一側テーブルの主キーフィールドにないデータを入力できなくなる（図では、「T_注文」テーブルで注文データを入力するとき、「T_顧客」テーブルにない顧客番号を入力してデータを保存することはできません）。

一側テーブルの主キーのデータを変更するとき、多側テーブルに関連するレコードがある場合は、変更できなくなる（図では、「T_顧客」テーブルで注文履歴のある＜顧客番号＞「T001」の顧客の顧客番号を変更できません）。

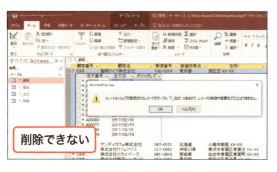

一側テーブルのレコードを削除するとき、多側テーブルに関連するレコードがある場合は、削除できなくなる（図では、「T_顧客」テーブルで注文履歴のある＜顧客番号＞「T001」の顧客データは削除できません）。

参照整合性を設定する

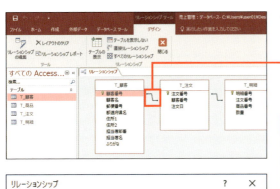

❶ リレーションシップウィンドウを表示して（P.82参照）、

❷ 参照整合性を設定する結合線の斜めの線をダブルクリックします。

> **MEMO　リレーションシップの編集**
>
> リレーションシップの編集は、結合線を右クリックして＜リレーションシップの編集＞から行うこともできます（P.86参照）。

❸ ＜参照整合性＞をクリックしてチェックを付け、

❹ ＜OK＞をクリックします。

> **MEMO　設定の変更**
>
> 参照整合性の設定は、あとで変更することもできます。ただし、参照整合性の規則に違反しているデータがある場合は、設定を変更できないこともあるので注意しましょう。

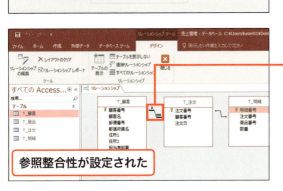

❺ 参照整合性が設定され、フィールドリストの主キーの側のフィールドに **1**、外部キーの側のフィールドに **∞** の印が付きます。

📑 COLUMN

一側テーブルと多側テーブル

リレーションシップを設定する共通のフィールドは、多くの場合、主キーと外部キーです。共通フィールドが主キーの方のテーブルを一側テーブルといい、外部キーの方のテーブルを多側テーブルといいます。

089

第 2 章 まずはここから！テーブル 作成テクニック

SECTION 053 応用

連鎖更新を設定する

参照整合性を設定していると、一側テーブルの主キーのデータを変更しようとしたとき、多側テーブル側にそのレコードを参照する関連レコードがある場合、データの変更ができません。連鎖更新を設定すると、そのルールを緩和して変更が可能になります。

連鎖更新を利用する

❶ リレーションシップウィンドウを表示し（P.82 参照）、

❷ 参照整合性を設定する結合線の斜めの線をダブルクリックします。

❸ ＜フィールドの連鎖更新＞をクリックしてチェックを付け、

❹ ＜ OK ＞をクリックします。

❺ 連鎖更新が設定されます。

 連鎖更新

連鎖更新を設定すると、一側テーブルの主キーの値を変更しようとしたとき、多側のテーブルに関連するレコードが存在していても、データを変更できます。ただし、変更すると、多側テーブルの外部キーのデータも自動的に修正されます。

連鎖更新が設定された

COLUMN

利用上の注意

連鎖更新や連鎖削除を利用することで厳格なルールを緩和できますが、いずれもテーブルのデータの変更を許可するものです。意図しない書き換えなどが生じないよう、慎重に利用しましょう。

SECTION 054 応用

連鎖削除を設定する

参照整合性を設定していると、一側テーブルのレコードを削除しようとしたとき、多側テーブル側にそのレコードを参照する関連レコードがある場合、レコードを削除できません。連鎖削除を設定すると、そのルールを緩和してレコードを削除できるようになります。

≫ 連鎖削除を利用する

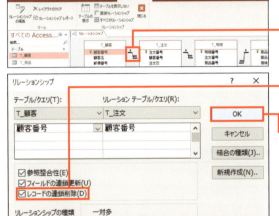

❶ リレーションシップウィンドウを表示し（P.82 参照）、

❷ 参照整合性を設定する結合線の斜めの線をダブルクリックします。

❸ ＜レコードの連鎖削除＞をクリックしてチェックを付け、

❹ ＜ OK ＞をクリックします。

❺ 連鎖削除が設定されます。

MEMO 連鎖削除

連鎖削除を設定すると、一側テーブルのレコードを削除しようとしたとき、多側のテーブルに関連するレコードが存在していても、レコードを削除できます。ただし、削除すると、多側テーブルの関連するレコードも自動的に削除されます。

COLUMN

リレーションシップの種類

リレーションシップには、次のような種類があります。多くの場合は、一対多の関係です。

種類	関係
一対多	テーブル 1 の各レコードが、テーブル 2 の複数のレコードに関連付けられる関係
一対一	テーブル 1 の各レコードが、テーブル 2 の 1 つのレコードに関連付けられる関係
多対多	テーブル 1 とテーブル 2 の各レコードが、お互いの複数のレコードに関連付けられる関係。中間テーブルという 3 つ目のテーブルを介して設定する

091

SECTION 055 印刷

第 2 章 まずはここから！テーブル作成テクニック

テーブルを印刷する

テーブルのデータを見やすく配置して綺麗に印刷するには、一般的にレポート（P.222参照）というオブジェクトを作成します。ただし、データシートビューの表示イメージを利用してテーブルからそのまま印刷することもできます。

≫ テーブルのデータを印刷する

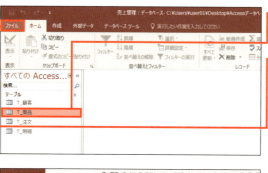

1 ナビゲーションウィンドウから印刷するテーブルを選択し、

2 ＜ファイル＞タブをクリックします。

MEMO　Backstageビュー

＜ファイル＞タブをクリックすると表示される画面をBackstageビューといいます。

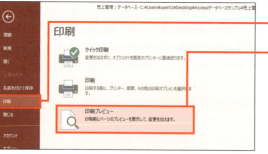

3 ＜印刷＞をクリックし、

4 ＜印刷プレビュー＞をクリックすると、印刷イメージが表示されます。

5 ＜印刷プレビュー＞タブの＜サイズ＞や＜余白＞、＜縦＞＜横＞などのボタンをクリックすると、印刷時の用紙サイズや余白、用紙の向きなどを指定できます。

テーブルの印刷イメージが表示された

6 ＜印刷＞をクリックして＜OK＞をクリックすると、印刷が実行されます。

SECTION 056 印刷

リレーションシップを印刷する

リレーションシップの設定を印刷したい場合は、リレーションシップの設定を印刷するレポートを利用します。レポートは自動的に作成されます。印刷後、レポートが不要な場合は、レポートを削除しても構いません。

≫ テーブルのリレーションシップを印刷する

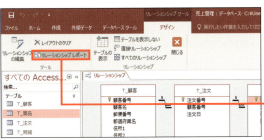

❶ リレーションシップウィンドウを表示し、

❷ フィールドリストの配置や大きさを整えて（P.84参照）、

❸ ＜リレーションシップツール＞の＜デザイン＞タブで＜リレーションシップレポート＞をクリックします。

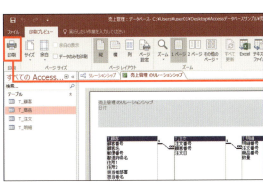

❹ 印刷用のレポートが表示されます。

❺ ＜印刷＞をクリックします。

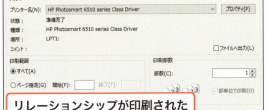

リレーションシップが印刷された

❻ 印刷画面が開き、印刷できるようになります。

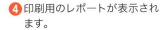 **リレーションシップの表示**

＜リレーションシップツール＞の＜デザイン＞タブで＜直接リレーションシップ＞をクリックすると、選択しているテーブルに設定されているすべてのリレーションシップが表示されます。

COLUMN

リレーションシップの まとめ

テーマごとにテーブルを分けて、ほかのテーブルのデータを参照して利用できるしくみをリレーションシップと呼びます（P.80参照）。メリットや用語を以下にまとめます。Accessを活用するためにも使いこなせるようにしましょう。

●設定するメリット
売上データなどを活用するとき、すべてのデータを1つのテーブルで管理しようとすると、ファイルサイズが膨大になり、データを正しく保つことも難しくなります。リレーションシップを設定すると、効率的にデータを管理できます（P.80参照）。

●共通フィールドについて
リレーションシップを設定するときは、2つのテーブルの共通のフィールドを結びつけます。多くの場合、主キーフィールドと外部キーフィールドを結びつけます（P.81参照）。

●リレーションシップの設定方法
リレーションシップは、リレーションシップウィンドウで設定します。リレーションシップウィンドウは、＜データベースツール＞タブの＜リレーションシップ＞をクリックして表示します（P.82参照）。

●リレーションシップの編集
リレーションシップの設定を修正したりするには、リレーションシップの結合線の斜めの箇所をダブルクリックして、リレーションシップの設定を修正する画面を表示します（P.86参照）。

●参照整合性とは
参照整合性は、データに矛盾が発生し、ほかのテーブルのデータを参照できない状態になるのを防ぐために設定するルールです（P.88参照）。

●連鎖更新、連鎖削除とは
連鎖更新や連鎖削除の設定は、参照整合性の設定によって指定されたルールを緩和するものです（P.90、91参照）。

●リレーションシップの確認
リレーションシップウィンドウで、すべてのリレーションシップを確認するには、＜デザイン＞タブの＜すべてのリレーションシップ＞をクリックします。

第3章

自由自在に操作する！
クエリ
技ありテクニック

SECTION 057 クエリを作成する

第3章 自由自在に操作する！クエリ 技ありテクニック

作成

クエリを利用すると、テーブルからデータを抽出したり集計したりできます。クエリを基にフォームやレポートを作成することもできるので、目的のレコードのみ抽出するクエリからレポートを作成すると、そのレコードだけを印刷できます。

≫ オブジェクトの関係について

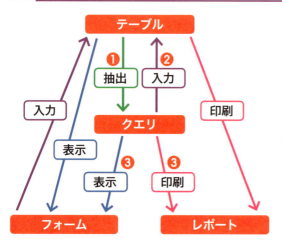

クエリは、テーブルのデータに関してさまざまな問い合わせを行います。

❶ クエリは、テーブルのレコードを抽出して表示できます。

❷ クエリからデータを入力して、クエリの基のテーブルにレコードを追加できます。

❸ フォームやレポートは、テーブルだけでなくクエリを基に作成することもできます。

≫ クエリの種類

クエリの種類	機能
選択クエリ	テーブルのレコードの並べ替えや抽出をする
集計クエリ	グループごとの合計やレコードの個数など集計する
パラメータークエリ	クエリの実行時に抽出条件を指定できる
アクションクエリ	データの一括編集ができる。「テーブル作成クエリ」「追加クエリ」「更新クエリ」「削除クエリ」がある
クロス集計クエリ	行と列の見出しにそって集計結果を表示する
重複クエリ	重複するレコードを抽出する
不一致クエリ	複数のテーブルのレコードを比較し、一方のテーブルにないレコードを抽出する

クエリを作成する

「T_顧客」テーブルを基にクエリを作成します。

❶ <作成>タブの<クエリデザイン>をクリックします。

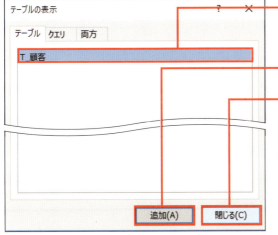

❷ クエリの基にするテーブルまたはクエリ（ここでは「T_顧客」テーブル）をクリックし、

❸ <追加>をクリックして、

❹ <閉じる>をクリックします。

> **MEMO フィールドリストについて**
>
> フィールドリストの配置やサイズ変更は、リレーションシップウィンドウのフィールドリストと同様の操作で実行できます（P.84参照）。フィールドリストのタイトルバーをクリックして Delete キーを押すと削除が可能です。

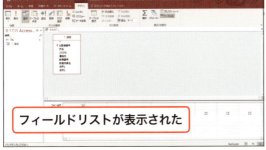

フィールドリストが表示された

❺ クエリのデザインビューの画面が表示されます。画面下部をデザイングリッドとよび、デザイングリッド上部の境界線をドラッグすることで表示領域を変更できます。

> **MEMO デザインビュー**
>
> クエリのデザインビューでは、上部にクエリの基になるテーブルのフィールドリストが表示され、下のデザイングリッドでクエリに表示するフィールドや並べ替え条件、抽出条件などを指定します。クエリのデザインビューとデータシートビューを切り替えるには、<ホーム>タブや<デザイン>タブの<表示>をクリックします。このとき、<表示>の下の▼をクリックすると表示するビューを選択できます。

097

第 3 章　自由自在に操作する！クエリ 技ありテクニック

SECTION 058 作成

フィールドを追加する

デザインビューの下部にあるデザイングリッドに、クエリのデータシートビューに表示するフィールドを追加します。フィールドの追加や配置の変更（P.100参照）は、ドラッグやダブルクリックでかんたんに行うことができます。

≫ デザイングリッドにフィールドを配置する

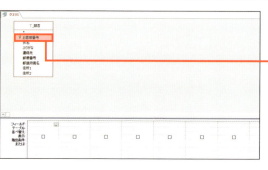

❶ クエリをデザインビューで開いて、

❷ フィールドリストから、追加するフィールドをクリックします。

MEMO デザインビュー

クエリを右クリックして＜デザインビュー＞をクリックすると、直線デザインビューでクエリを開くことができます。

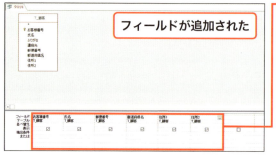

❸ 複数のフィールドを追加する場合は、Ctrl キーを押しながら追加するほかのフィールドをクリックし、

❹ 選択したフィールドをデザイングリッドにドラッグします。

❺ デザイングリッドにフィールドが追加されます。

MEMO 追加時の並び順

複数のフィールドをまとめて追加すると、フィールドが左側から並びます。また、フィールドをダブルクリックすると、フィールドが右端に追加されます。この並び順はあとから変更できます（P.100参照）。

SECTION 059 作成

フィールドを削除する

デザイングリッドに間違えて追加してしまったフィールドは、フィールドセレクターをクリックして削除できます。削除したフィールドを元に戻すには、フィールドリストから追加するフィールドをデザイングリッドの追加したい位置まで再度ドラッグします。

≫ 配置したフィールドを削除する

① クエリをデザインビューで開いて（P.98 参照）、

② 削除するフィールド（ここでは＜ふりがな＞）のフィールドセレクターをクリックします。

③ フィールドが選択されます。

④ ＜ホーム＞タブの＜削除＞をクリックするか、Deleteキーを押します。

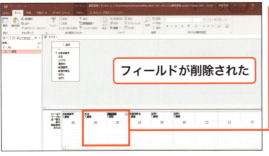

⑤ デザイングリッドからフィールドが削除されます。

MEMO フィールドを元に戻す

削除したフィールドは、フィールドリストから再度ドラッグすることでデザイングリッドに改めて追加し直すことができます。必要に応じて位置を修正します（P.100参照）。

SECTION 060 作成

第 3 章　自由自在に操作する！クエリ 技ありテクニック

フィールドの位置を移動する

デザイングリッドに追加したフィールドの配置を変更したい場合は、移動するフィールドのフィールドセレクターをクリックしてフィールドを選択してから移動します。移動先を示す線を目安にして操作しましょう。

≫ フィールドを移動する

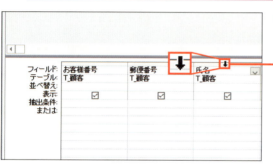

❶ クエリをデザインビューで開いて（P.98 参照）、

❷ 移動するフィールド（ここでは＜氏名＞）のフィールドセレクターをクリックします。

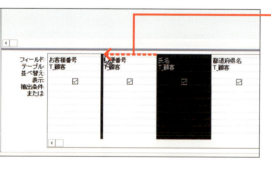

❸ フィールドセレクターを移動先に向かってドラッグします。

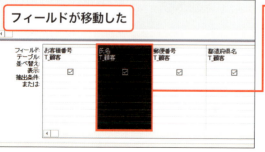

❹ フィールドが指定した位置に移動します。

MEMO 移動位置の目安

フィールドを移動する際、移動先に太い線が表示されます。フィールドはこの位置に移動します。

SECTION 061 作成

別のテーブルから
フィールドを追加する

クエリのデザイングリッドにあとからフィールドリストを追加するには、「テーブルの表示」画面から追加するテーブルやクエリを選択します。複数のテーブルを追加した場合は、フィールドを関連付ける線が表示される場合があります（P.137参照）。

≫ フィールドを別テーブルから追加する

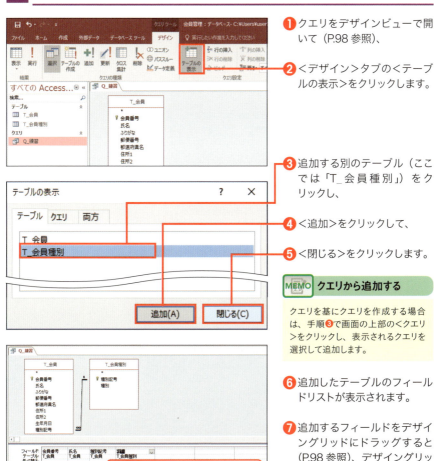

❶ クエリをデザインビューで開いて（P.98 参照）、

❷ ＜デザイン＞タブの＜テーブルの表示＞をクリックします。

❸ 追加する別のテーブル（ここでは「T_会員種別」）をクリックし、

❹ ＜追加＞をクリックして、

❺ ＜閉じる＞をクリックします。

MEMO クエリから追加する

クエリを基にクエリを作成する場合は、手順❸で画面の上部の＜クエリ＞をクリックし、表示されるクエリを選択して追加します。

❻ 追加したテーブルのフィールドリストが表示されます。

❼ 追加するフィールドをデザイングリッドにドラッグすると（P.98 参照）、デザイングリッドにフィールドが追加されます。

第 3 章　自由自在に操作する！クエリ 技ありテクニック

SECTION 062 作成

クエリを保存する

クエリを保存するには、テーブルと同様にクイックアクセスツールバーの＜上書き保存＞ をクリックします。一度も保存していない場合は、クエリの名前を指定する画面が表示され、すでに保存されている場合は上書き保存されます。

≫ クエリに名前を付けて保存する

❶ クイックアクセスツールバーの＜上書き保存＞をクリックします。

MEMO キーボードショートカット

Ctrl + S キーを押すことでも、同様にクエリを保存できます。

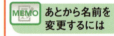

❷ クエリの名前を入力し、

❸ ＜OK＞をクリックします。

❹ クエリが保存されます。

MEMO あとから名前を変更するには

オブジェクトの名前をあとから変更するには、ナビゲーションウィンドウのオブジェクト名を右クリックし、＜名前の変更＞をクリックします。

クエリが追加された

COLUMN

クエリ名のルール

オブジェクトの名前の付け方には、次のようなルールがあります。

- 64文字以内
- 先頭にスペースを入れることはできない
- 「！」など一部の記号は利用できない

102

SECTION 063 作成

第 3 章 自由自在に操作する！クエリ 技ありテクニック

クエリを実行する

クエリを実行すると、テーブルにデータの問い合わせが行われて処理が実行されます。ここでは、デザインビューの画面から実行する方法を紹介します。また、ナビゲーションウィンドウのクエリ名をダブルクリックしても実行できます。

作成したクエリを実行する

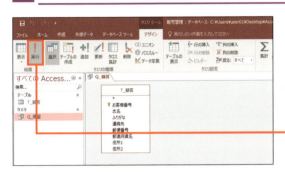

「T_顧客」テーブルから一部のフィールドのデータを表示する「Q_練習」クエリを実行します。

❶ クエリをデザインビューで開いて、

❷ ＜クエリツール＞の＜デザイン＞タブで＜実行＞をクリックします。

❸ クエリが実行されます。

クエリが実行された

❹ ＜ホーム＞タブの＜表示＞をクリックすると、デザインビューの画面に戻ります。

MEMO ダブルクリックで実行する

クエリを実行するには、ナビゲーションウィンドウで実行するクエリをダブルクリックする方法もあります。選択クエリをダブルクリックすると、クエリがデータシートビューで開きます。

103

SECTION 064 並べ替え

第 3 章　自由自在に操作する！クエリ 技ありテクニック

レコードを並べ替える

クエリを利用してテーブルのレコードを並べ替えて表示します。並べ替えや抽出条件などはデザイングリッドで指定します。並べ替えを指定するには、並べ替えの基準にするフィールドの＜並べ替え＞で並べ替え条件を指定します。

並べ替え条件を指定する

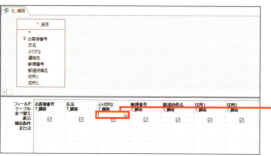

＜ふりがな＞フィールドの昇順に並べ替えます。

① クエリをデザインビューで開いて、

② デザイングリッドの＜並べ替え＞をクリックします。

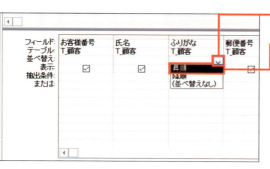

③ ▼ をクリックし、

④ 並べ替えの基準を設定します。

MEMO 昇順と降順

並べ替えの＜昇順＞を指定すると、値の小さい順、あいうえお順、日付の古い順に並びます。＜降順＞を指定すると、値の大きい順、あいうえお順の逆、日付の新しい順に並びます。

データが並べ替えられた

⑤ クエリを実行すると、選択した順番でデータが並べ替えて表示されます。

MEMO 並べ替えの解除

並べ替えを解除したい場合は、再度手順③の画面を表示して＜（並べ替えなし）＞をクリックします。

SECTION 065 並べ替え

複数の条件で並べ替える

並べ替えの条件は、複数指定することもできます。条件を複数指定するときは、デザイングリッドで左側に配置されているフィールドの条件が優先されます。フィールドの位置を変更すると、並べ替え条件の優先順位を変更できます（P.107参照）。

≫ 複数の並べ替え条件を指定する

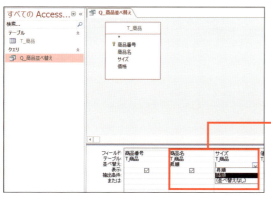

＜商品名＞フィールドと＜サイズ＞フィールドに並べ替え条件を指定します。

❶ クエリをデザインビューで開いて、

❷ 条件を設定するフィールドの＜並べ替え＞でそれぞれ並べ順を指定します（P.104参照）。

❸ クエリを実行すると、手順❷で設定した2つの条件が反映されて並べ替えられます（ここでは＜商品名＞が優先）。

📎 COLUMN

並べ替えの条件

クエリで複数の並べ替え条件を指定すると、デザイングリッドでより左側にあるフィールドの並べ替え条件が優先されます。優先順位を変更するには、フィールドを移動して対応します。また、フィールドを移動せずに優先順位を変更する方法もあります（P.108参照）。

SECTION 066 並べ替え

第 3 章　自由自在に操作する！クエリ 技ありテクニック

任意のフィールドを非表示にする

クエリで並べ替え条件や抽出条件を指定したフィールドを、クエリの実行や抽出の結果に表示する必要がないときは、フィールドを非表示にできます。このとき、条件を指定したフィールドを非表示にしても、並べ替えや抽出条件の設定は反映されたままになります。

» 表示を非表示にする

＜ふりがな＞フィールドを非表示にします。

❶ クエリをデザインビューで開いて、

❷ 非表示にするフィールドの＜表示＞をクリックしてチェックを外します。

フィールドが非表示になった

❸ クエリを実行すると、フィールドが非表示になります。

MEMO 非表示フィールド
非表示にしたフィールドでも、並べ替え条件や抽出条件などの設定は反映されています。

非表示にしたフィールドが表示された

❹ 非表示にしたいフィールドを再表示したい場合は、手順❷で非表示にしたフィールドの＜表示＞をクリックし、

❺ チェックが付いたことを確認して再度実行すると、

❻ 非表示にしていたフィールドが表示されます。

第 3 章　自由自在に操作する！クエリ 技ありテクニック

SECTION 067
並べ替え

並べ替えの優先度を変更する

並べ替え条件を複数指定した場合（P.105参照）、デザイングリッドで左側に配置されているフィールドの条件が優先されます。並べ替え条件の優先順位を変更したい場合は、デザイングリッドでフィールドの配置を変更しましょう。

優先度を変更する

＜サイズ＞フィールドの優先度を変更します。

1 ＜ホーム＞タブの＜表示＞をクリックしてクエリをデザインビューで開きます。

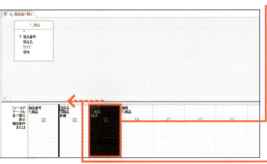

2 優先度を変更したいフィールド（ここでは＜サイズ＞）のフィールドセレクターをクリックし、

3 並べ替え条件が指定されているフィールド（ここでは＜商品名＞）より左側にドラッグします。

優先度が変更された

4 クエリを実行すると、優先度が変更されていることを確認できます。

MEMO 優先度と配置

デザイングリッドでフィールドの配置を変更すると、データシートビューの配置も変わります。データシートビュー側で配置を変更した場合、デザインビューの配置は変わりませんので、並べ替えの優先順位の指定は保たれます。

107

SECTION 068 並べ替え

並び順を変えずに優先度を変更する

第3章　自由自在に操作する！クエリ 技ありテクニック

複数の並べ替え条件を指定すると、デザイングリッドで左側にあるフィールドの条件が優先されます。表示順を変えずに優先順位を変更したい場合は、非表示にしたフィールド（P.106参照）をデザイングリッドに追加します。

≫ 見た目を変えずに優先度を変更する

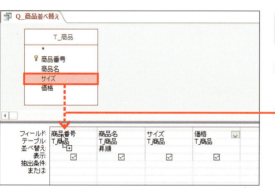

<サイズ>フィールドの位置を変えずに優先度を変更します。

❶ クエリをデザインビューで開いて、

❷ フィールドリストから優先度を変更したいフィールド（ここでは<サイズ>）をほかに並べ替え条件が指定されているフィールドより左側にドラッグします。

❸ 並べ替えたいフィールドの<並べ替え>を設定して、

❹ <表示>をクリックしてチェックを外します。

❺ クエリを実行すると、見かけの位置は変わらずに手順❷で追加したフィールドの設定が優先されます。

MEMO フィールドの位置

手順❸では、<商品名>フィールドの左に配置した<サイズ>フィールドの並べ替えを指定しています。右の<サイズ>フィールドを変更しても、優先順位は変わらないので注意しましょう。

SECTION 069 並べ替え

テキストを数値として並べ替える

文字を入力するフィールドに数字が入力されていると、並べ替えをしたときに「1」「12」「8」のように思う順にならない場合があります。フィールドのデータ型を変更できない場合は、文字を数値に変換する関数を使用して並べ替える方法があります。

▶ 数値として並べ替える

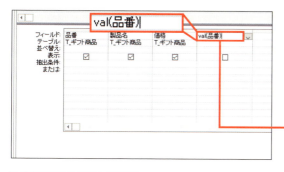

<品番>フィールドに入力されている数字を数値として並べ替えます。

❶ クエリをデザインビューで開いて、

❷ 新しいフィールドの<フィールド>に「val(品番)」と入力し、

❸ ほかの欄をクリックすると、「式1: Val([品番])」と表示されます。

❹ <並べ替え>から並び順を指定し(P.104参照)、

❺ <表示>のチェックをクリックしてオフにします。

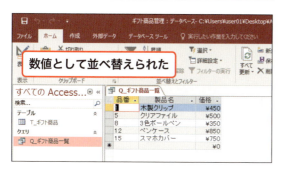

数値として並べ替えられた

❻ クエリを実行すると、並べ替え時に数値として扱われたことが確認できます。

MEMO 式ビルダーについて

関数などを入力するときは、式の入力を補佐する式ビルダーを利用すると便利です(P.160参照)。

109

SECTION 070 抽出

第 3 章　自由自在に操作する！クエリ 技ありテクニック

条件に一致するレコードを抽出する

条件に一致するレコードを抽出するには、条件を指定するフィールドの＜抽出条件＞行に抽出条件を指定します。デザイングリッドの＜フィールド＞行の表示を確認して操作しましょう。条件は、文字で指定したり、演算子と組み合わせて指定したりできます。

≫ 条件を指定して抽出する

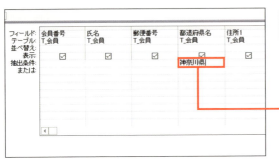

＜都道府県名＞フィールドが「神奈川県」のレコードを抽出します。

❶ クエリをデザインビューで開いて、

❷ フィールドの＜抽出条件＞（ここでは「神奈川県」）を入力します。

❸ ほかの欄をクリックすると、＜抽出条件＞の表示が変わります。

MEMO 指定した条件

抽出条件に文字列を指定すると「"（ダブルクォーテーション）」で、日付を指定すると、「#（シャープ）」で囲まれます。

❹ クエリを実行すると、入力した条件に一致するレコードが抽出されます。

MEMO 並べ替え

指定した条件に一致するデータを表示するとき、指定した並び順で表示するには、並べ替え条件を指定するフィールドの＜並べ替え＞で別途条件を指定します。

指定した条件で抽出された

110

SECTION 071 抽出

第 3 章 自由自在に操作する！クエリ 技ありテクニック

条件に一致しない レコードを抽出する

「○○以外」のレコードなど、条件に一致しないレコードを抽出します。条件の指定方法にはいくつかありますが、ここでは、「<>」の演算子を利用して条件を指定します。演算子を入力するときは、すべて半角文字で入力します。

▶ 条件に一致しないレコードを抽出する

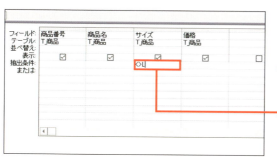

<サイズ>フィールドが「L」以外のレコードを抽出します。

❶ クエリをデザインビューで開いて、

❷ フィールドの<抽出条件>に条件（ここでは「<>L」）を入力します。

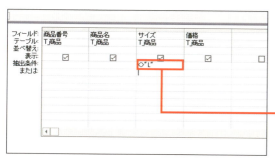

MEMO <>演算子

「<>」の演算子を使い「○○以外」という条件を指定するには、条件の先頭に「<>」を入れて「<>○○」のように書きます。

❸ ほかの欄をクリックすると、<抽出条件>の表示が変わります。

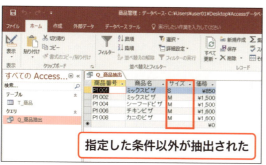

指定した条件以外が抽出された

❹ クエリを実行すると、入力した条件に一致しないレコードが抽出されます。

MEMO その他の設定方法

「○○以外」の条件を指定するには、Not演算子を使って、Notのあとに半角スペースを入れて「Not ○○」のように書く方法もあります。演算子やスペースは、半角で入力します。

111

SECTION 072 抽出

第 3 章 自由自在に操作する！クエリ 技ありテクニック

複数の条件で抽出する

複数の抽出条件を指定するときは、指定した条件すべてを満たす場合に条件に一致するとみなすAnd条件、いずれかの条件を満たす場合に条件に一致するとみなすOr条件のどちらかの方法で指定します。どちらで指定するかは、条件を入力する場所で区別します。

≫ 複数の条件を指定する

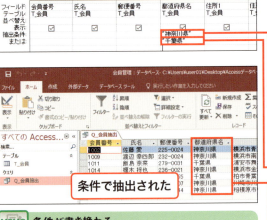

＜都道府県名＞フィールドが「神奈川県」または「千葉県」のレコードを抽出します。

❶ クエリをデザインビューで開いて、

❷ 条件を指定するフィールドの＜抽出条件＞に条件（ここでは「神奈川県」）を入力し、

❸ ＜または＞に、もう一つの条件（ここでは「千葉県」）を入力します。

❹ クエリを実行すると、指定した条件を満たすデータが抽出されます。

MEMO 条件が書き換わる

クエリを保存して再び開くと抽出条件部分の表記が書き換わる場合があります。ここで紹介したクエリの場合、抽出条件は「"神奈川県" Or "千葉県"」のように表示されます。

COLUMN

条件の表記方法

複数条件をOr条件で指定する場合は条件を異なる行、And条件で指定する場合は条件を同じ行に書きます。たとえば、＜都道府県名＞が「神奈川県」かつ＜氏名＞が「山」からはじまるレコードを抽出するには、＜都道府県名＞フィールドの＜抽出条件＞行に「神奈川県」、＜氏名＞フィールドの＜抽出条件＞行に「山*」のように書きます。1つのフィールドにAnd条件で条件を指定する場合は、＜抽出条件＞に「>=1500 And <=2500」のように書きます。

SECTION 073 抽出

第 3 章　自由自在に操作する！クエリ 技ありテクニック

比較演算子を使って抽出する

「○○以上」「○○より大きい」などの条件を指定するには、比較演算子を使用して条件を指定します。比較演算子には、「>」「>=」「<」「<=」「=」「<>」などがあります。演算子の種類と条件の指定方法を覚えましょう。

比較演算子を使用して条件を指定する

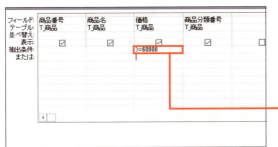

<価格>フィールドが6万円以上の商品を抽出します。

❶ クエリをデザインビューで開いて、

❷ フィールドの<抽出条件>に条件（ここでは<価格>に「>=60000」）を入力します。

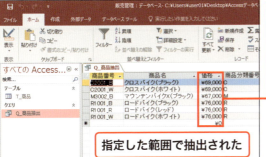

❸ クエリを実行すると、6万円以上の商品が抽出されます。

指定した範囲で抽出された

MEMO 比較演算子を使用する

比較演算子には、次のようなものがあります。

演算子	内容
>	より大きい
>=	以上
<	より小さい
<=	以下
=	等しい
<>	等しくない

❹ 複数の条件を設定して抽出することもできます（P.112参照）。ここでは、「価格」が6万円以上7万円以下の商品を抽出するように設定しています。

113

SECTION 074 抽出

第3章 自由自在に操作する！クエリ 技ありテクニック

あいまいな条件で抽出する

「○○の文字を含む」「○○の文字から始まる」など、あいまいな条件を指定したい場合は、ワイルドカードという記号を使って条件を書きます。ワイルドカードには、「*」や「?」などがあり、「*」は任意の文字、「?」は任意の1文字を示します。

≫ あいまいな条件を指定する

＜ふりがな＞フィールドが「み」からはじまるレコードを抽出します。

❶ クエリをデザインビューで開いて、

❷ フィールドの＜抽出条件＞に条件（ここでは「み*」）を入力します。

❸ ほかの欄をクリックすると、＜抽出条件＞の表示が変わります。

MEMO ワイルドカードの入力

演算子と同様、ワイルドカードは半角文字で入力します。

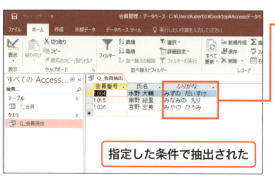

指定した条件で抽出された

❹ クエリを実行すると、ワイルドカードを基にレコードが抽出されます。

MEMO Like演算子

Like演算子は、抽出条件の文字を検索するパターンを指定するものです。「*」などのワイルドカードなどを使用して抽出条件を指定すると、Like演算子が自動的に指定されます。

ワイルドカードの利用法

ワイルドカードを使用して条件を書くには、次のようなものを利用します。なお、「*」などのワイルドカードを使用するとLike演算子が自動的に指定されますが、自分で指定する必要がある場合もあります。

記号	意味	条件の入力例
*	任意の文字	「Like "* カレー *"」（カレーの文字を含む） 「Like "* カレー "」（カレーで終わる）
?	任意の1文字	「Like " 野 ?"」（野から始まる2文字。「野田」「野口」は当てはまるが「野々村」は当てはまらない）
[ ]	角かっこ内の任意の1文字	「Like "[青赤] ペン "」（「青ペン」「赤ペン」は当てはまるが「黒ペン」は当てはまらない）
!	角かっこ内の文字以外	「Like "[! 青赤] ペン "」（「黒ペン」「緑ペン」は当てはまるが「青ペン」「赤ペン」は当てはまらない）
-	範囲内の任意の文字	「Like "[あ - う] お *"」（「あおき」「いおか」「うおの」などは当てはまるが、「おおの」は当てはまらない）
#	任意の数字1文字	「Like " 国道 # 号 "」（「国道1号」「国道5号」などは当てはまるが、「国道10号」は当てはまらない）

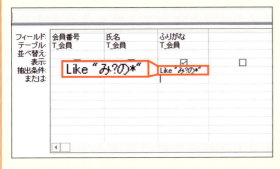

たとえば、＜ふりがな＞フィールドの値の1文字目が「み」で2文字目が任意の1文字、3文字目が「の」の値を抽出するには、左のように指定します。

ワイルドカードの文字を抽出条件で使用したい場合は、その文字を[ ]で囲って指定します。たとえば、「?」を含むデータを抽出するには、左のように指定します。

SECTION 075 抽出

第3章 自由自在に操作する！クエリ 技ありテクニック

特定の日時のデータを抽出する

指定した日付のデータを抽出するには、＜抽出条件＞に日付を指定します。また、比較演算子を利用して、「2016/12/24以降の日付」「2016/12/24より前の日付」「2016/12/24以外の日」といった条件を指定することもできます。

≫ 特定の日時を抽出する

＜注文日＞フィールドが「2016/12/24」のレコードを抽出します。

❶ クエリをデザインビューで開いて、

❷ フィールドの＜抽出条件＞に条件（ここでは「2016/12/24」）を入力します。

❸ ほかの欄をクリックすると、＜抽出条件＞の表示が変わります。

❹ クエリを実行すると、条件に一致するレコードが抽出されます。

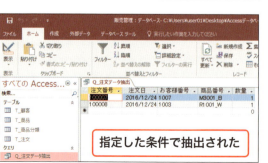

指定した条件で抽出された

MEMO 比較演算子との組み合わせ

日付や時間を条件にしている場合、比較演算子（P.113参照）と組み合わせて利用することができます。＜抽出条件＞フィールドに「2016/12/24以降」ならば「>=2016/12/24」、「2016/12/24より前」であれば「<2016/12/24」、「2016/12/24以外」ならば「<>2016/12/24」のように入力します。

SECTION 076 抽出

特定の期間のデータを抽出する

第3章　自由自在に操作する！クエリ 技ありテクニック

「10から15まで」「2017/1/1から2017/1/31まで」のように、数値や日付の範囲を指定してデータを抽出する場合、「Between ～ And ～」演算子を使用する方法があります。Betweenの後ろに範囲の最初、Andの後ろに範囲の最後の内容を指定します。

≫ 抽出条件を期間で指定する

＜注文日＞フィールドが「2017/2/1」～「2017/2/28」までのレコードを抽出します。

❶ クエリをデザインビューで開いて、

❷ フィールドの＜抽出条件＞に条件（ここでは「Between 2017/2/1 And 2017/2/28」）を半角スペースで区切って入力します。

❸ ほかの欄をクリックすると、＜抽出条件＞の表示が変わります。

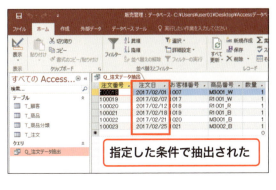

❹ クエリを実行すると、条件の範囲に一致するレコードが抽出されます。

MEMO フィールドの幅

抽出条件を入力するときにデザイングリッドのフィールドの幅を超えてしまう場合は、見やすいようにフィールドの列幅を広げて操作するとよいでしょう。列幅を広げるには、フィールドセレクターの右側境界線をドラッグします。

117

SECTION 077 設定

条件をクエリ実行時に指定する

第 3 章　自由自在に操作する！クエリ 技ありテクニック

クエリの抽出条件を実行時に指定するには、パラメータークエリを利用します。パラメータークエリを実行すると、抽出条件の入力を促すメッセージが表示されます。メッセージを確認して条件を入力すると、条件に一致するレコードが表示されます。

》パラメータークエリを作成する

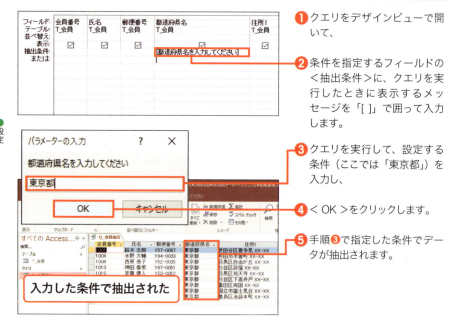

❶ クエリをデザインビューで開いて、

❷ 条件を指定するフィールドの＜抽出条件＞に、クエリを実行したときに表示するメッセージを「[ ]」で囲って入力します。

❸ クエリを実行して、設定する条件（ここでは「東京都」）を入力し、

❹ ＜OK＞をクリックします。

❺ 手順❸で指定した条件でデータが抽出されます。

COLUMN

ズーム画面を表示する

抽出条件を入力するとき、＜抽出条件＞をクリックして Shift + F2 キーを押すと、「ズーム」画面が表示されます。「ズーム」画面では抽出条件を書く欄が大きく表示され、条件が入力しやすくなります。入力して＜OK＞をクリックすると、「ズーム」画面が閉じます。

一度実行したパラメータークエリを再実行する

❶ パラメータークエリの実行後に、[Shift]＋[F9]キーを押します。

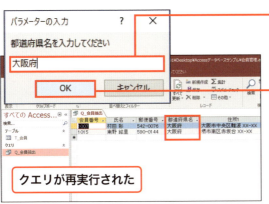

❷ 再度「パラメーターの入力」画面が表示されるので、設定する条件（ここでは「大阪府」）を入力して、

❸ ＜OK＞をクリックすると、手順❸で指定した条件でレコードが改めて抽出されます。

クエリが再実行された

COLUMN

パラメータークエリのメッセージについて

パラメータークエリでは、抽出条件が正しく入力されるようなメッセージを指定しましょう。また、ワイルドカードと組み合わせてあいまいな条件を指定したり、Between～And～演算子を使用してデータの範囲を指定したりする方法もあります。なお、式の中の「&」は、文字と文字をつなげる役割を持つ演算子です。

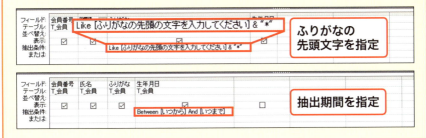

ふりがなの先頭文字を指定

抽出期間を指定

第3章 自由自在に操作する！クエリ 技ありテクニック

SECTION 078 設定

重複するデータを抽出する

テーブルに重複するデータがあるかを確認する場合は、重複クエリを利用します。重複クエリもクエリウィザードから作成でき、ウィザード画面から重複するデータを含むフィールドやクエリに表示するフィールドなどを指定します。

≫ 重複クエリを作成する

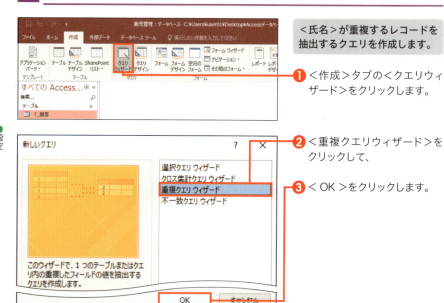

＜氏名＞が重複するレコードを抽出するクエリを作成します。

1. ＜作成＞タブの＜クエリウィザード＞をクリックします。
2. ＜重複クエリウィザード＞をクリックして、
3. ＜OK＞をクリックします。
4. 調べる対象のテーブル（ここでは「T_顧客」）をクリックし、
5. ＜次へ＞をクリックします。

MEMO ＜表示＞について

＜表示＞の＜テーブル＞をクリックするとテーブル一覧、＜クエリ＞をクリックするとクエリ一覧、＜両方＞をクリックすると両方のオブジェクト一覧が表示されます。

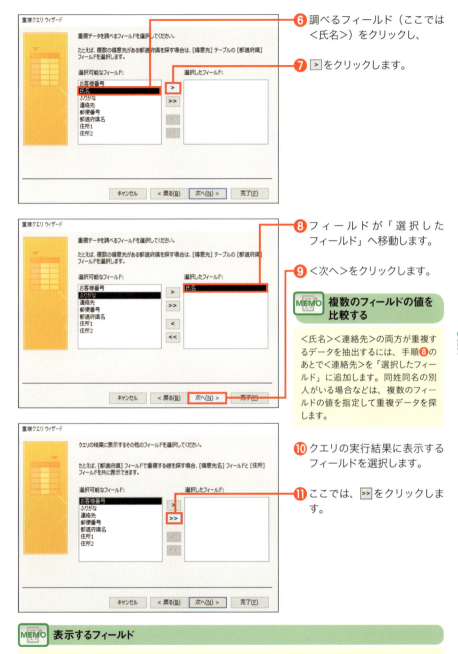

❻ 調べるフィールド（ここでは＜氏名＞）をクリックし、

❼ > をクリックします。

❽ フィールドが「選択したフィールド」へ移動します。

❾ ＜次へ＞をクリックします。

MEMO 複数のフィールドの値を比較する

＜氏名＞＜連絡先＞の両方が重複するデータを抽出するには、手順❽のあとで＜連絡先＞を「選択したフィールド」に追加します。同姓同名の別人がいる場合などは、複数のフィールドの値を指定して重複データを探します。

❿ クエリの実行結果に表示するフィールドを選択します。

⓫ ここでは、>> をクリックします。

MEMO 表示するフィールド

手順❻では、クエリの結果に表示するフィールドを指定しています。ここでは、指定した＜氏名＞フィールドの値が重複するレコードのすべてのフィールドをクエリの結果に表示するため、すべてのフィールドを「選択したフィールド」に追加します。

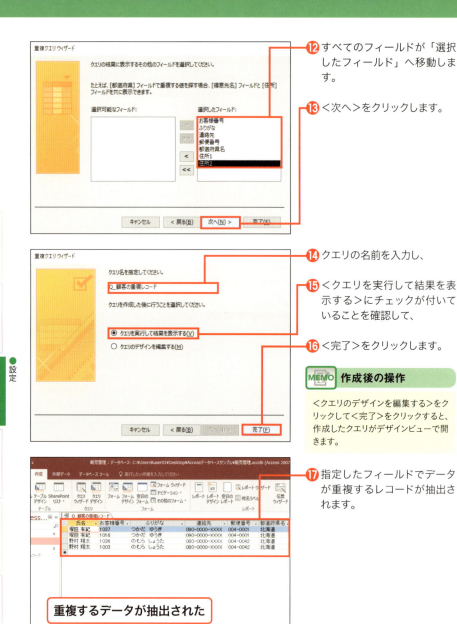

⓬ すべてのフィールドが「選択したフィールド」へ移動します。

⓭ <次へ>をクリックします。

⓮ クエリの名前を入力し、

⓯ <クエリを実行して結果を表示する>にチェックが付いていることを確認して、

⓰ <完了>をクリックします。

MEMO 作成後の操作

<クエリのデザインを編集する>をクリックして<完了>をクリックすると、作成したクエリがデザインビューで開きます。

⓱ 指定したフィールドでデータが重複するレコードが抽出されます。

重複するデータが抽出された

MEMO SQLビュー

クエリを作成すると、データの問い合わせに使用するSQL言語を使用した命令文が自動的に作成されます。<表示>の下の▼をクリックし、<SQLビュー>を選択すると、その内容を確認できます。デザインビューでクエリを編集すると、SQL文の内容も変更されます。SQL文を書き換えて変更することもできます。

作成したクエリを修正する

① クエリをデザインビューで表示します。

MEMO ビューの切り替え

画面右下の🔲をクリックしてもデザインビューに切り替えられます。また、クエリ名が表示されているタブを右クリックすると、表示するビューを選んで切り替えられます。

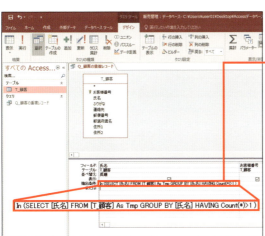

② ＜重複クエリウィザード＞で指定した内容が表示されます。

③ ＜抽出条件＞をクリックします。

MEMO 抽出条件の中身

ここでは、＜氏名＞フィールドに同じ氏名が1つより多くあることが抽出件に指定されています。

④ 新しい条件を入力します。ここでは、＜氏名＞フィールドに同じ氏名が2つより多くある場合を抽出条件に指定しています。

クエリが修正された

MEMO 列幅の変更

デザイングリッドのフィールドセレクターの右側境界線部分をダブルクリックすると、フィールドに指定されている抽出条件の内容などに合わせて列幅が自動的に調整されます。

123

第 3 章　自由自在に操作する！クエリ 技ありテクニック

SECTION
079
設定

フィールド間で演算する

クエリでは、デザイングリッドに演算フィールドを作成して、既存のフィールドの値を使用した計算ができます。演算フィールドでは、「フィールド名:計算式」のように、フィールド名と計算式を「:（コロン）」で区切って内容を指定します。

≫ 演算フィールドを作成する

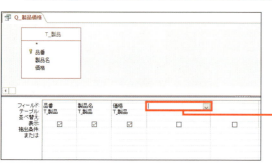

＜価格＞フィールドの金額の15％引きの値を計算します。

❶ クエリをデザインビューで開いて、

❷ デザイングリッドの新しいフィールドをクリックします。

MEMO　演算フィールド

演算フィールドとは、クエリの中で既存のフィールドの値を使用して計算をした結果を表示するフィールドです。

❸ フィールド名（ここでは「特別価格」）を入力して「:（コロン）」で区切り、

❹ 計算式（ここでは「[価格]*0.85」）を入力します。

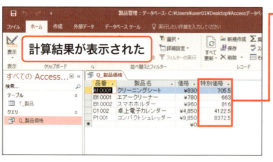

❺ クエリを実行すると、計算結果が表示されます。

MEMO　フィールドの利用

計算式では、既存のフィールドの値を利用できます。フィールドの値を指定する場合は、フィールド名を「[ ]」で囲って指定します。

SECTION 080 関数

第3章 自由自在に操作する！クエリ 技ありテクニック

関数を利用して演算する

演算フィールドでは、関数を利用できます。関数には、数値の計算をするものだけでなく、文字データを操作するものや日付データを操作するものなど、さまざまなものがあります。用途によって使い分けましょう。

≫ 関数を使って式を作成する

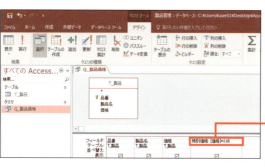

＜特別価格＞フィールドに小数点以下の値を切り捨てた計算結果を表示します。

① クエリをデザインビューで開いて、

② ＜特別価格＞をクリックします。

③ 区切りの「：」以降を「Int([価格]*0.85)」と修正して、数式をInt関数の引数に指定します。

MEMO Int関数

Int関数は、数値の小数部分を除いて整数部分を返す関数です。Int関数の引数に、小数点部分を除く数値や式を指定します。

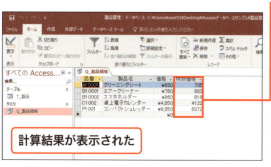

計算結果が表示された

④ クエリを実行すると、関数による処理が反映されて表示されます。

MEMO 関数について

関数は、合計や平均などのさまざまな計算を簡単に行うための公式のようなものです。関数を入力するときは、関数名を入力し、そのあとに「( )」で囲った引数（計算に必要な情報）を入力します。

第 3 章　自由自在に操作する！クエリ 技ありテクニック

SECTION 081 関数

文字と文字を結合する

文字と文字を連結して表示するには、「&（アンパサンド）」演算子を使用します。フィールドの値や文字をつなげて表示したりするときに使用します。ここでは、演算フィールドを作成して文字をつなげた結果を表示します。

≫ 文字を結合する

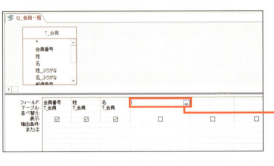

＜姓＞と＜名＞のフィールドを結合します。

❶ クエリをデザインビューで開いて、

❷ デザイングリッドの新しいフィールドをクリックします。

❸ フィールド名（ここでは「氏名」）を入力して「:（コロン）」で区切り、

❹ 結合する文字やフィールド（ここでは「姓」、「名」、「様（MEMO 参照）」）を「&」で区切って入力します。

❺ クエリを実行すると、手順❸で入力したフィールドと文字が結合されます。

MEMO 文字をつなげるには

ここでは、「姓」「名」のフィールドをつなげ、さらに敬称の「　様」の文字をつなげた例を紹介していますが、レコードによって敬称が異なる場合などは、テーブルに「敬称」というフィールドを用意すると便利です。敬称の既定値を「様」にする場合は、フィールドプロパティで設定できます（P.56参照）。

第 ③ 章　自由自在に操作する！クエリ 技ありテクニック

SECTION 082
関数

文字の一部を取り出す

関数を利用すれば、「先頭の〇文字」や「末尾の〇文字」「〇文字目から〇文字目」など、文字全体から一部の文字を取り出せます。元の文字列や何文字分を取り出すのかなどは、関数の中で引数として指定します。

≫ 末尾の文字を取り出す

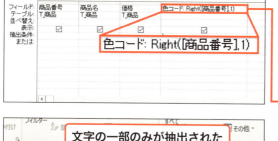

色コード: Right([商品番号],1)

文字の一部のみが抽出された

＜商品番号＞フィールドの末尾1文字を取り出します。

❶ クエリをデザインビューで開いて、

❷ デザイングリッドの新しいフィールドに、フィールド名と関数、引数を「,（カンマ）」で区切って入力します。

❸ クエリを実行すると、文字が抽出されて表示されます

COLUMN

文字を取り出す関数について

文字の中から指定した〇文字を取り出す関数の例としては、次のようなものがあります。

関数	意味	書式
Left	先頭から〇文字分を取り出す	Left(文字 , 文字数) 文字：取り出す元の文字 文字数：先頭から何文字取り出すか
Right	末尾の〇文字分を取り出す	Right(文字 , 文字数) 文字：取り出す元の文字 文字数：末尾の何文字取り出すか

127

第 3 章　自由自在に操作する！クエリ 技ありテクニック

SECTION 083 関数

未入力のレコードを検出する

フィールドにデータが入力されていないレコードを抽出するなど、未入力かどうかを問い合わせる場合は、抽出条件に未入力の状態を示すNull値を指定します。これを利用して、なんらかのデータが入力されているレコードだけを抽出することもできます。

» 未入力のレコードを抽出する

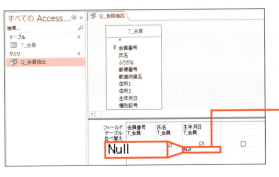

＜生年月日＞フィールドが未入力のレコードを抽出します。

❶ クエリをデザインビューで開いて、

❷ フィールドの＜抽出条件＞に条件（ここでは＜生年月日＞に「Null」）を入力します。

❸ ほかの欄をクリックすると、＜抽出条件＞の表示が変わり、「Is Null」と表示されます。

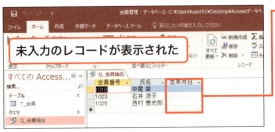

❹ クエリを実行すると、指定したフィールドが未入力のレコードが抽出されます。

未入力のレコードが表示された

MEMO　Not Null

指定したフィールドが未入力のレコードを抽出するには、未入力の状態を示すNull値を指定します。逆に、なんらかのデータが入力されている未入力状態でないレコードを抽出する場合は、手順❷で「Null」ではなく「Not Null」と入力します。

SECTION 084 関数

第3章 自由自在に操作する！クエリ 技ありテクニック

文字数や桁数で抽出する

指定した文字数のデータを抽出するには、Len関数を使用して文字数を数えます。Len関数では、文字数を調べる文字を引数に指定します。フィールドに入力されている文字数を求めるには、引数にフィールドを指定します。

▶ 文字数を指定して抽出する

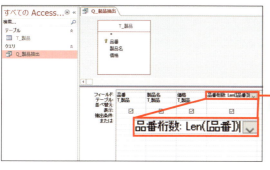

＜品番＞フィールドが5桁のレコードを抽出します。

❶ クエリをデザインビューで開いて、

❷ デザイングリッドの新しいフィールドに、フィールド名と関数、引数（ここでは「品番桁数:Len([品番])」）を入力します。

❸ ＜抽出条件＞に条件（ここでは「5」）を入力します。

❹ クエリを実行すると、指定した条件に一致するレコードが抽出されます。

指定した文字数のデータが抽出された

MEMO Len関数

Len関数は、文字数を数える関数です。「Len(文字)」のように、文字数を数えたい文字を引数に指定します。

129

SECTION 085 関数

日付からデータを抽出する

日付を扱う関数にも、さまざまなものがあります。日付から年や月、日の情報を取り出す関数や、今日の日付を求める関数など使用して、さまざまな抽出条件を指定できます。日付の範囲を指定する場合は、P.117を参照しましょう。

》 月のデータを抽出条件にする

11月生まれのレコードを抽出します。

❶ クエリをデザインビューで開いて、

❷ デザイングリッドの新しいフィールドにフィールド名と関数、引数（ここでは「誕生月:Month([生年月日])」）を入力し、

❸ <抽出条件>に条件（ここでは「11」）を入力します。

❹ クエリを実行すると、指定した条件に一致するレコードが抽出されます。

MEMO 日付を比較する

ここでは、日付の月を抽出して条件を指定していますが、単純に「2016/1/1以降」の日付を抽出するような場合は、比較演算子を使用して条件を指定できます（P.113、116参照）。

COLUMN

日付を操作する関数について

日付を操作する関数には、次のようなものがあります。

関数	意味	書式
Date	今日の日付を求める	Date()
Year	日付から年の情報を求める	Year(日付)　　日付：年の情報を求める日付を指定
Month	日付から月の情報を求める	Month(日付)　日付：月の情報を求める日付を指定
Day	日付から日の情報を求める	Day(日付)　　日付：日の情報を求める日付を指定

SECTION 086 関数

第3章 自由自在に操作する！クエリ 技ありテクニック

レコードの件数を求める

フィールドの値の合計や平均、最大値や最小値、レコードの件数などを求めるには、関数を使用します。なお、フィールドの値の合計や平均などを求めるには、関数の引数には、＜数値型＞のフィールドなど、計算対象になるデータ型のフィールドを指定します。

≫ フィールドにあるレコードの件数を求める

注文件数と注文数の合計を表示します。

❶ クエリを作成してデザインビューで開き、

❷ デザイングリッドの新しいフィールドに、フィールド名と関数、引数（ここでは「注文件数:Count([注文番号])」と「注文数合計:Sum([数量])」）を入力します。

件数が表示された

❸ クエリを実行すると、注文データのレコード件数と、注文データの数量の合計が表示されます。

COLUMN

数値を計算する関数について

数値を計算する関数には、次のようなものがあります。

関数	意味	書式
Count	個数を求める	Count(値)　　値：値が入力されているフィールドなどを指定
Sum	合計を求める	Sum(数値)　数値：数値が入力されているフィールドなどを指定
Avg	平均を求める	Avg(数値)　　数値：数値が入力されているフィールドなどを指定

131

第 **3** 章　自由自在に操作する！クエリ 技ありテクニック

SECTION 087
関数

上位数件のみを抽出する

売上金額の上位10項目などのトップ値やワースト値を表示するには、値を判定するフィールドの並べ替え条件と、表示する件数などを指定します。たとえば、値の大きい上位の項目を表示する場合は、フィールドを＜降順＞に並べます。

≫ トップ値を指定する

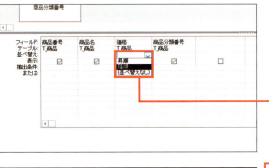

＜価格＞フィールドの上位5件を抽出します。

❶ クエリをデザインビューで開いて、

❷ トップ値を指定するフィールドの＜並べ替え＞条件（ここでは＜降順＞）を指定します。

❸ ＜クエリツール＞の＜デザイン＞タブの＜トップ値＞で をクリックし、

❹ 表示する件数（ここでは「5」）を指定します。

MEMO 件数の指定

＜トップ値＞では、表示する件数を選択する以外にも、数値を直接入力して指定できます。

❺ クエリを実行すると、手順❹で指定した件数のデータが抽出されます。

MEMO プロパティ

＜トップ値＞で指定した内容は、クエリの＜トップ値＞プロパティに反映されます。

上位の値が表示された

132

第 3 章　自由自在に操作する！クエリ 技ありテクニック

SECTION 088 関数

文字列の空白を削除する

テーブルのデータに余計な空白が含まれる場合、Trim関数を使用すると、先頭や末尾に含まれる半角や全角の空白を削除して表示できます。なお、文字と文字の間に空白がある場合は、間の空白はそのまま残して表示されます。

≫ スペースを削除して文字を表示する

＜商品名＞フィールドのスペースを削除して表示します。

❶ クエリをデザインビューで開いて、

❷ デザイングリッドのフィールドにフィールド名と関数、引数（ここでは「空白なし商品名:Trim([商品名])」）を入力します。

レコードの空白が削除された

❸ クエリを実行すると、＜商品名＞フィールドの前後に含まれる空白が除かれて表示されます。

COLUMN

先頭や末尾の空白を削除する

Trim関数では、先頭や末尾に含まれる空白をすべて削除します。先頭のみ、末尾のみの空白を取り除くには、次の関数を利用します。

関数	意味	書式
Trim	先頭と末尾のスペースを削除	Trim(文字)　文字：スペースを削除する対象
LTrim	先頭のスペースを削除	LTrim(文字)　文字：スペースを削除する対象
RTrim	末尾のスペースを削除	RTrim(文字)　文字：スペースを削除する対象

133

第 3 章　自由自在に操作する！クエリ 技ありテクニック

SECTION 089 関数

条件によって処理を変更する

指定した条件との一致不一致で異なる処理を行うには、IIf関数（COLUMN参照）を使用します。たとえば、「フィールドの値が空欄の場合」、「値が○○以上の場合」などの条件を指定して、条件に合う場合と合わない場合の処理をそれぞれ指定できます。

▶ 処理の条件を設定する

＜連絡先＞フィールドの値に応じて＜連絡先確認＞フィールドの表示を変更します。

❶ クエリをデザインビューで開いて、

❷ デザイングリッドの新しいフィールドにフィールド名と関数、引数（ここでは「連絡先確認:IIf(IsNull([連絡先]),"要確認","")」）を入力します。

異なる処理が実行された

❸ クエリを実行すると、＜連絡先＞フィールドの値が空欄の場合に「要確認」と表示されます。

COLUMN

条件で処理を分岐させる関数

指定した条件に一致するかどうかによって処理を分けるには、次のような関数を使用します。

関数	書式
IIf	IIf(条件式,条件に合う場合,条件に合わない場合) 「条件式」に条件を判定する式を入力し、式がTrueの場合とFalseの場合の値や式を指定。Iは大文字の「I（アイ）」であることに注意
Switch	Switch(条件式1,条件式1に合う場合,条件式2,条件式2に合う場合,…) 「条件式」と「条件式がTrueの場合の値や式」を2つセットで指定

134

第 3 章 自由自在に操作する！クエリ 技ありテクニック

SECTION 090 応用

クエリ実行中は
データをロックする

データベースファイルを共有する場合、クエリの値を同時に編集できないようにするには、レコードロックを指定します。編集中のクエリ全体をロックするには＜すべてのレコード＞、編集中のレコード付近をロックするには＜編集済みレコード＞を選択します。

≫ レコードロックを指定する

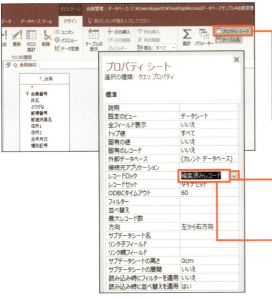

誰かが編集していると編集できないよう設定します。

① クエリをデザインビューで開いてフィールドリストの背景をクリックし、

② ＜クエリツール＞の＜デザイン＞タブで＜プロパティシート＞をクリックします。

③ 画面右に表示されるプロパティシートで＜レコードロック＞の ▽ をクリックして、

④ レコードロックの状態（ここでは＜編集済みレコード＞）を指定します。

⑤ 違う人が同じデータベースを開き、レコードロックの設定をしたクエリでデータを編集しているときは、編集中のレコードがロックされます。

⑥ レコードがロックされたレコードの行セレクターには ⊘ が表示されます。

レコードがロックされた

135

第 3 章　自由自在に操作する！クエリ 技ありテクニック

SECTION 091 応用
複数のテーブルを結合する

クエリは、複数のテーブルやクエリを基に作成できます。このとき、ほかのテーブルやクエリと関連付けを行い、共通のフィールドを結合してデータを参照するしくみを作成できます。ここでは、3つの結合の種類とその確認方法を解説します。

≫ 結合の種類を確認する

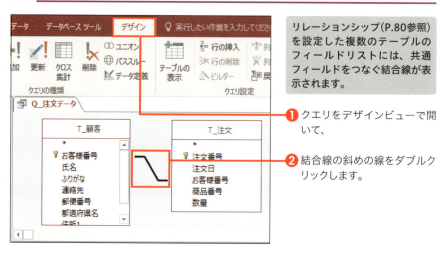

リレーションシップ（P.80参照）を設定した複数のテーブルのフィールドリストには、共通フィールドをつなぐ結合線が表示されます。

❶ クエリをデザインビューで開いて、

❷ 結合線の斜めの線をダブルクリックします。

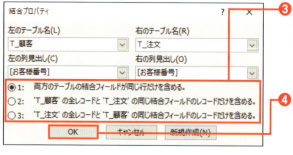

❸ 結合の種類が確認できます。通常は、「1：両方のテーブルの結合フィールドが同じ行だけを含める。」が選択されています。

❹ ＜OK＞をクリックすると、もとの画面に戻ります。

MEMO 共通フィールドについて

多くの場合、共通のフィールドをデザイングリッドに追加する際は外部キーの側のフィールドを追加します。そうすると、このクエリを基にフォームを作成してデータを入力すると、外部キー側のテーブルにデータが入力されます。また、共通するフィールドを介してほかのテーブルのレコードを参照できます。

❺ クエリをデータシートビューで開くと、複数のテーブルからデータが表示されていることが確認できます。

MEMO 結合の種類

リレーションシップの設定時（P.82参照）、「リレーションシップ」画面で＜結合の種類＞をクリックしても、結合の種類を設定できます。

MEMO 自動で結合させる

クエリを作成するときにリレーションシップを設定した複数のテーブルを追加すると、クエリのフィールドリストに共通フィールドをつなげる結合線が表示されます。このとき、リレーションシップを設定していない場合でも、次の条件を満たすフィールドがある場合などは自動的に結合線が表示されます。

・同じフィールド名
・同じフィールドサイズ
・少なくとも一方が主キー
・同じデータ型（または＜オートナンバー型＞と＜数値型＞フィールドで、両方のフィールドのフィールドサイズが＜長整数型＞）

COLUMN

結合の種類と表示

結合には「内部結合」「左外部結合」「右外部結合」の3種類があり、手順❸の画面で確認、変更ができます。それぞれの違いは以下のとおりです。

種類	役割と設定方法
内部結合	2つのテーブルを結びつける共通フィールドに、2つのテーブルで等しい値があるレコードが表示される 手順❸で「1：両方のテーブルの結合フィールドが同じ行だけを含める。」を選択するとこの設定になる
左外部結合	＜左のテーブル名＞のすべてのレコードと、＜右のテーブル名＞から＜左のテーブル名＞との結びつきがあるレコードが表示される 手順❸で" 左のテーブル名 "の全レコードと" 右のテーブル名 "の同じ結合フィールドのレコードだけを含める。」を選択するとこの設定になる
右外部結合	＜右のテーブル名＞のすべてのレコードと、＜左のテーブル名＞から＜右のテーブル名＞との結びつきがあるレコードが表示される 手順❸で" 右のテーブル名 "の全レコードと" 左のテーブル名 "の同じ結合フィールドのレコードだけを含める。」を選択するとこの設定になる

第 3 章　自由自在に操作する！クエリ 技ありテクニック

SECTION
092
応用

結合したテーブルの
データを利用する

クエリを利用して複数のテーブルのデータをつなげて表示するには、共通のフィールドを利用してデータを参照するしくみを作成します。たとえば、あるテーブルの注文データを入力・表示する際、共通するフィールドを介して、別テーブルの商品名を確認できます。

≫ 複数テーブルをクエリに追加する

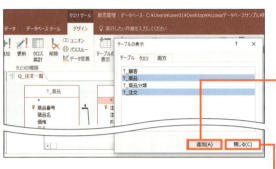

「T_注文」テーブルと「T_商品」テーブルのデータをまとめて表示します。

❶ P.97 を参照してクエリを作成し、「T_注文」テーブルと「T_商品」テーブルをクリックし、＜追加＞をクリックして、

❷ ＜閉じる＞をクリックします。

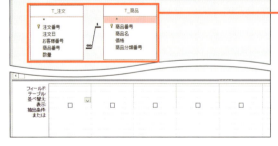

❸ フィールドリストのタイトルバーをドラッグして配置を整え（P.84 参照）、

❹ 「T_注文」テーブルのすべてのフィールドと、「T_商品」テーブルの＜商品名＞フィールド、＜価格＞フィールドをデザイングリッドに追加します。

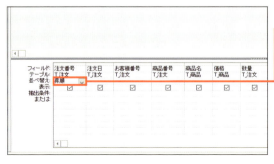

❺ ＜注文番号＞フィールドの＜並べ替え＞に、並べ替えの条件を指定します。

138

» クエリのデータを表示する

❶ クエリをデータシートビューで開いて、

❷ ＜新しい（空の）レコード＞をクリックします。

MEMO フィールドリストを追加する

既存のクエリに別テーブルからフィールドリストを追加する場合、＜デザイン＞タブの＜テーブル表示＞をクリックして追加するテーブルを選択します。

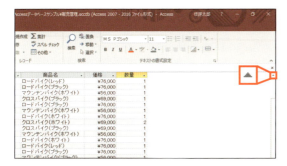

❸ 新規の注文データを入力します。＜商品番号＞フィールドを入力すると、「T_商品」テーブルの＜商品名＞フィールドと＜価格＞フィールドの値が自動的に入力されます。

❹ 入力が終了したら、＜閉じる＞をクリックしてクエリを閉じます。

❺ 「T_注文」テーブルを開くと、クエリで入力したデータが保存されていることが確認できます。

MEMO フォームの利用

ここではクエリからレコードを入力していますが、効率的にレコードを入力するには、フォームを利用すると便利です（P.162参照）。

第 3 章 自由自在に操作する！クエリ 技ありテクニック

SECTION 093 応用

一方のテーブルだけにあるデータを抽出する

複数のテーブルを基にクエリを作成する際、一方のテーブルだけにあるレコードを抽出するには不一致クエリを作成します。不一致クエリは、外部結合（P.137参照）を利用して販売実績のない商品データや購入実績のない顧客データなどを探すことができます。

» 不一致クエリを作成する

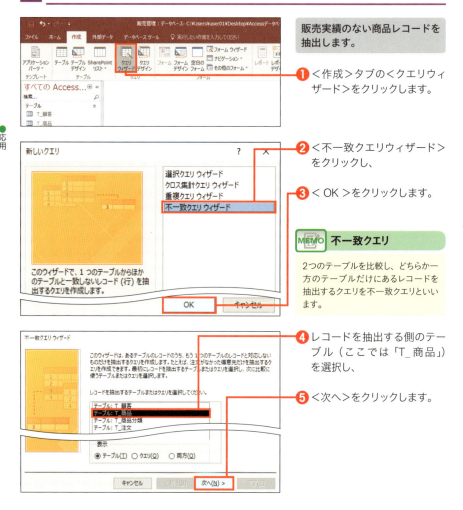

販売実績のない商品レコードを抽出します。

1. ＜作成＞タブの＜クエリウィザード＞をクリックします。

2. ＜不一致クエリウィザード＞をクリックし、

3. ＜OK＞をクリックします。

MEMO 不一致クエリ
2つのテーブルを比較し、どちらか一方のテーブルだけにあるレコードを抽出するクエリを不一致クエリといいます。

4. レコードを抽出する側のテーブル（ここでは「T_商品」）を選択し、

5. ＜次へ＞をクリックします。

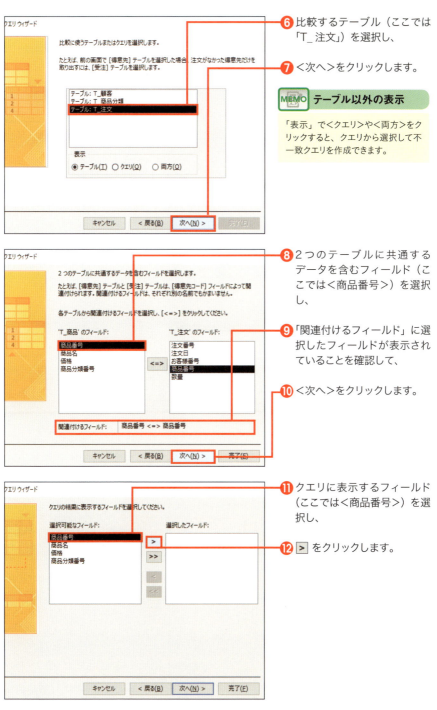

❻ 比較するテーブル（ここでは「T_注文」）を選択し、

❼ ＜次へ＞をクリックします。

MEMO テーブル以外の表示

「表示」で＜クエリ＞や＜両方＞をクリックすると、クエリから選択して不一致クエリを作成できます。

❽ 2つのテーブルに共通するデータを含むフィールド（ここでは＜商品番号＞）を選択し、

❾ 「関連付けるフィールド」に選択したフィールドが表示されていることを確認して、

❿ ＜次へ＞をクリックします。

⓫ クエリに表示するフィールド（ここでは＜商品番号＞）を選択し、

⓬ ＞ をクリックします。

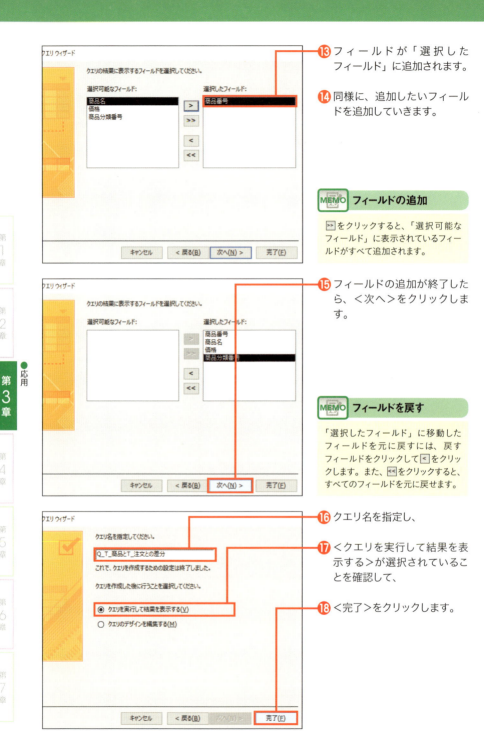

⓭ フィールドが「選択した フィールド」に追加されます。

⓮ 同様に、追加したいフィールドを追加していきます。

MEMO フィールドの追加

>> をクリックすると、「選択可能なフィールド」に表示されているフィールドがすべて追加されます。

⓯ フィールドの追加が終了したら、<次へ>をクリックします。

MEMO フィールドを戻す

「選択したフィールド」に移動したフィールドを元に戻すには、戻すフィールドをクリックして < をクリックします。また、<< をクリックすると、すべてのフィールドを元に戻せます。

⓰ クエリ名を指定し、

⓱ <クエリを実行して結果を表示する>が選択されていることを確認して、

⓲ <完了>をクリックします。

⓴ クエリが作成され、注文履歴のない商品のレコードが表示されます。

COLUMN

不一致クエリの内容

不一致クエリは、2つのテーブルの共通フィールドを比較し、一方のテーブルにしかないレコードを表示できます。ここで作成したクエリのデザインビューを確認し、2つのテーブルを結びつける結合線をダブルクリックすると、結合方法として＜T_商品の全レコードとT_注文の同じ結合フィールドのレコードだけを含める。＞が選択されています（P.136参照）。また、抽出条件で「T_注文」テーブルの＜商品番号＞フィールドが未入力の値だけを抽出する条件が指定されているため、このクエリを実行すると「T_商品」テーブルにあるデータのうち「T_注文」テーブルにデータのない（注文実績のない）商品データが抽出されます。

第 **3** 章　自由自在に操作する！クエリ 技ありテクニック

SECTION 094 集計

集計クエリを作成する

顧客ごとの注文件数を集計したり、商品ごとの売上金額の合計を求めたり、グループごとに集計したりといった場合に集計クエリを利用します。集計クエリでは、デザイングリッドの＜集計＞行で集計方法などを指定して作成します。

≫ 集計クエリを作成する

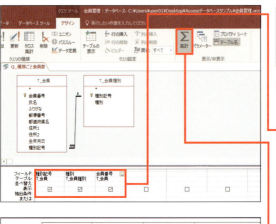

＜種別記号＞＜種別＞フィールドのデータをグループごとにまとめ、＜会員番号＞フィールドの値をカウントして集計します。

❶ クエリをデザインビューで開いて、

❷ 集計の基準にするフィールド（ここでは「T_会員」テーブルの＜種別記号＞＜会員番号＞と「T_会員種別」テーブルの＜種別＞）をデザイングリッドに追加して（P.98参照）、

❸ ＜クエリツール＞の＜デザイン＞タブで＜集計＞をクリックします。

❹ デザイングリッドに＜集計＞の行が表示されます。

❺ ＜集計＞の ▼ をクリックすると、集計方法を指定（ここでは＜グループ化＞のまま）できます。

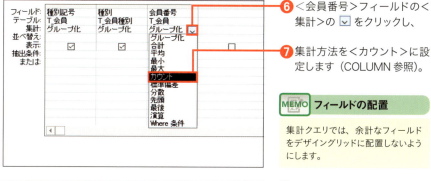

❻ <会員番号>フィールドの<集計>の ⌄ をクリックし、

❼ 集計方法を<カウント>に設定します（COLUMN 参照）。

> **MEMO フィールドの配置**
>
> 集計クエリでは、余計なフィールドをデザイングリッドに配置しないようにします。

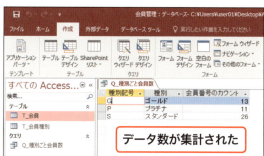

❽ クエリを実行すると、種別ごとのデータ数が表示されます。

> **MEMO グループ化**
>
> グループ化を指定すると、同じ値のデータをひとつのグループにまとめます。集計は、このグループを基に行われます。

COLUMN

集計方法について

集計クエリでは、次のような集計方法を選択できます。

集計方法	内容
グループ化	同じデータをグループにまとめる
合計	合計を求める
平均	平均を求める
最小	最小値を求める
最大	最大値を求める
カウント	データ件数を求める
標準偏差	標準偏差（データのばらつき具合を見る指標）を求める
分散	分散（データのばらつき具合を見る指標）を求める
先頭	先頭の値を求める
最後	最後の値を求める
演算	関数を使って演算フィールドを作成する場合などに使用する
Where 条件	抽出条件を指定して集計対象を絞り込む場合などに使用する（P.146 参照）

SECTION 095 集計

条件を付けて集計する

集計クエリを使用してデータの集計をするとき、指定した期間のデータのみを集計するなど、集計対象のデータを絞り込むこともできます。それには、Where条件を指定します。なお、Where条件を指定したフィールドはクエリの結果には表示されません。

≫ 条件を指定する

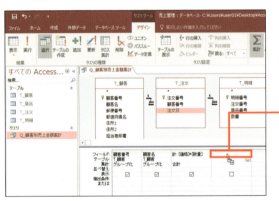

2017年以降のデータを集計します。

❶ 集計クエリをデザインビューで表示し、

❷ 条件を指定するフィールド（ここでは＜注文日＞）を新たに追加します。

❸ 追加したフィールドの＜集計＞に＜Where条件＞を指定し、

❹ ＜抽出条件＞に条件（ここでは「>=2017/01/01」）を入力します。

❺ クエリを実行すると、指定した条件に一致するレコードのみが集計されて表示されます。

MEMO フィールドの表示

Where条件を指定したフィールドは、クエリの実行結果には表示されません。

SECTION 096 集計

集計行を利用する

テーブルや選択クエリのデータシートビューや、データシート形式のフォームのフォームビューでは、集計行を表示して、フィールドの値の集計結果を手軽に確認できます。なお、選択できる集計方法は、フィールドのデータ型などによって異なります。

》 集計行を表示する

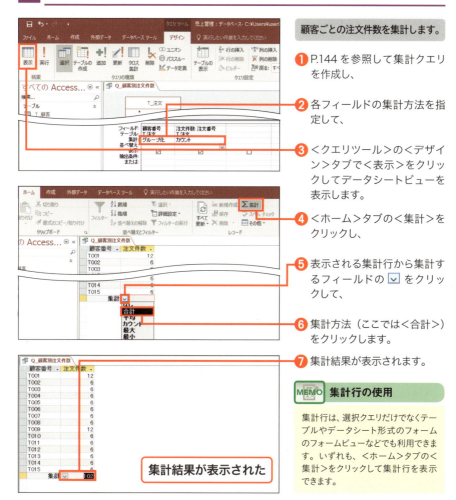

顧客ごとの注文件数を集計します。

1. P.144 を参照して集計クエリを作成し、
2. 各フィールドの集計方法を指定して、
3. <クエリツール>の<デザイン>タブで<表示>をクリックしてデータシートビューを表示します。
4. <ホーム>タブの<集計>をクリックし、
5. 表示される集計行から集計するフィールドの ▽ をクリックして、
6. 集計方法(ここでは<合計>)をクリックします。
7. 集計結果が表示されます。

MEMO 集計行の使用

集計行は、選択クエリだけでなくテーブルやデータシート形式のフォームのフォームビューなどでも利用できます。いずれも、<ホーム>タブの<集計>をクリックして集計行を表示できます。

147

SECTION 097 発展

クロス集計を行う

クロス集計クエリを作成すると、行列に配置した項目ごとに集計結果を表示できます。たとえば、顧客ごと商品ごとの売上合計などを表示できます。クロス集計クエリは、ウィザード画面で作成できます。

≫ クロス集計クエリを作成する

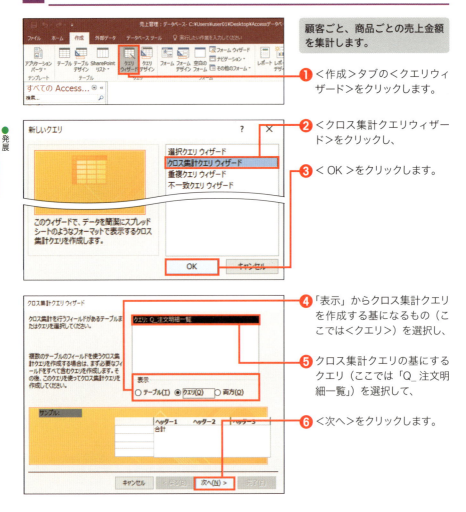

顧客ごと、商品ごとの売上金額を集計します。

1. <作成>タブの<クエリウィザード>をクリックします。

2. <クロス集計クエリウィザード>をクリックし、

3. < OK >をクリックします。

4. 「表示」からクロス集計クエリを作成する基になるもの（ここでは<クエリ>）を選択し、

5. クロス集計クエリの基にするクエリ（ここでは「Q_注文明細一覧」）を選択して、

6. <次へ>をクリックします。

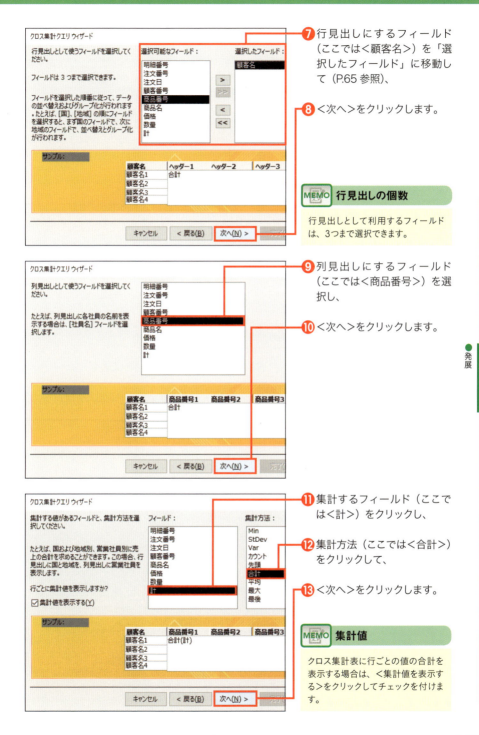

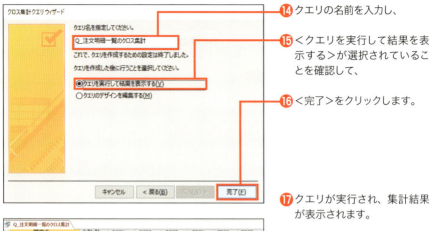

⓯ クエリの名前を入力し、

⓰ ＜クエリを実行して結果を表示する＞が選択されていることを確認して、

⓱ ＜完了＞をクリックします。

⓲ クエリが実行され、集計結果が表示されます。

集計結果が表示された

MEMO 結果の変更

クロス集計の結果の値は変更することができません。結果を変更したい場合は、基となるテーブルやクエリの値を変更してから改めてクロス集計クエリを実行します。

COLUMN

行見出しを複数追加する

この操作では、行見出しを3つまで指定できます。たとえば、＜顧客名＞と＜注文日＞を追加すると、顧客ごと注文日ごとの売上金額を集計したりできます。
また、クエリの内容はデザイングリッドで編集できます。たとえば、関数を使って注文日から年の情報を求めると（P.130参照）、顧客ごと年ごとの集計結果を確認できます。

≫ クロス集計クエリを編集する

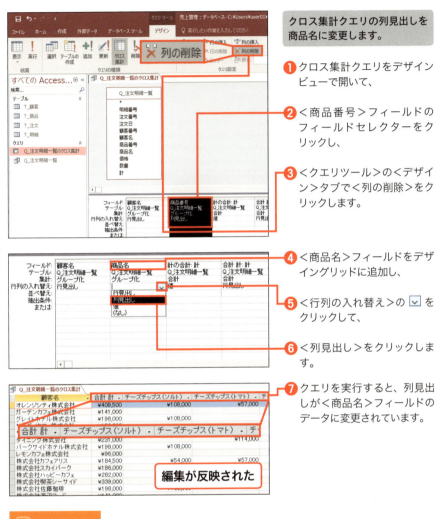

クロス集計クエリの列見出しを商品名に変更します。

❶ クロス集計クエリをデザインビューで開いて、

❷ ＜商品番号＞フィールドのフィールドセレクターをクリックし、

❸ ＜クエリツール＞の＜デザイン＞タブで＜列の削除＞をクリックします。

❹ ＜商品名＞フィールドをデザイングリッドに追加し、

❺ ＜行列の入れ替え＞の▼をクリックして、

❻ ＜列見出し＞をクリックします。

❼ クエリを実行すると、列見出しが＜商品名＞フィールドのデータに変更されています。

編集が反映された

📝 COLUMN

集計クエリとクロス集計クエリ

集計クエリは、グループごとに値を集計するクエリです。＜集計＞をクリックすると表示される＜集計＞行で、集計内容を指定します（P.144参照）。クロス集計クエリは、2つ以上のフィールドに注目してデータを集計、分析するものです。＜クロス集計＞をクリックすると表示される＜行列の入れ替え＞行で行や列に配置するフィールドや集計するフィールド、＜集計＞行で集計内容を指定します。

第 3 章　自由自在に操作する！クエリ 技ありテクニック

SECTION 098 発展

列見出しの設定を細かく指定する

＜クエリ列見出し＞プロパティを利用すると、月ごとの集計結果を表示するクロス集計クエリで、列見出しに表示する内容を指定したり、集計データがない月を非表示にしたりできます。これらの設定には、クエリのプロパティシートを利用します。

≫ 列見出しを指定する

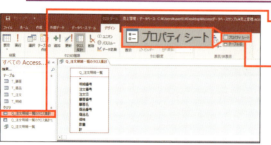

❶ クロス集計クエリをデザインビューで開いて、

❷ ＜デザイン＞タブの＜プロパティシート＞をクリックします。

❸ フィールドリストの背景をクリックして＜クエリ列見出し＞をクリックし、

❹ 表示する列見出しを「"（ダブルクォーテーション）」で囲って記入します。

❺ 複数指定する場合は、「,（カンマ）」で区切って指定します（ここでは「"1月","2月","3月"」)。

MEMO 年ごとに集計する

列見出しの日付を月単位で集計するとき、年を区別して集計するには、デザイングリッドの列見出しの＜フィールド＞を「Format([＜フィールド名＞],"yyyy/mm")」に修正し、＜クエリ列見出し＞プロパティの値を消します。

❻ クエリを実行すると、手順❹～❺で指定した順序で結果が表示されます。

第 3 章 自由自在に操作する！クエリ 技ありテクニック

SECTION 099 発展
演算フィールドを利用してクロス集計する

クロス集計クエリの集計値は、フィールド間で計算した結果を表示することもできます。クロス集計クエリのデザイングリッドの＜フィールド＞行で集計する内容を指定し、＜行列の入れ替え＞行で＜値＞を選択し、＜集計＞行で集計方法を指定します。

≫ 演算フィールドを作成する

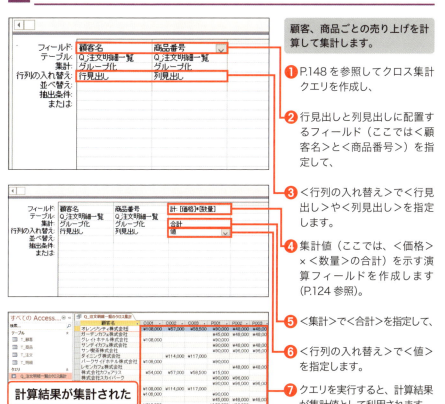

顧客、商品ごとの売り上げを計算して集計します。

❶ P.148を参照してクロス集計クエリを作成し、

❷ 行見出しと列見出しに配置するフィールド（ここでは＜顧客名＞と＜商品番号＞）を指定して、

❸ ＜行列の入れ替え＞で＜行見出し＞や＜列見出し＞を指定します。

❹ 集計値（ここでは、＜価格＞×＜数量＞の合計）を示す演算フィールドを作成します（P.124参照）。

❺ ＜集計＞で＜合計＞を指定して、

❻ ＜行列の入れ替え＞で＜値＞を指定します。

❼ クエリを実行すると、計算結果が集計値として利用されます。

MEMO 行列の入れ替え

クロス集計クエリを作成するとき、＜クエリツール＞の＜デザイン＞タブで＜クロス集計＞をクリックすると、＜行列の入れ替え＞行が表示され、クロス集計クエリの行見出しや列見出し、集計するフィールドを指定できます。なお、P.148の方法でクロス集計クエリを作成すると、＜行列の入れ替え＞行が自動的に表示されます。

153

SECTION 100 発展

第 3 章　自由自在に操作する！クエリ 技ありテクニック

指定したデータを まとめて更新する

条件に一致するデータを一括処理するタイプのクエリをアクションクエリといい、「更新クエリ」「削除クエリ」「追加クエリ」「テーブル作成クエリ」といった種類があります。ここでは、「更新クエリ」を紹介します。

≫ 更新クエリを作成する

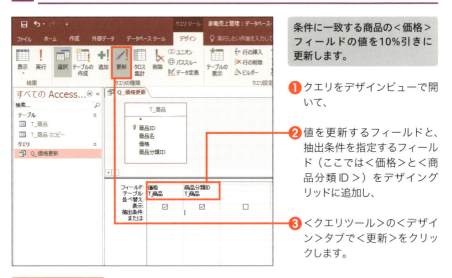

条件に一致する商品の＜価格＞フィールドの値を10％引きに更新します。

❶ クエリをデザインビューで開いて、

❷ 値を更新するフィールドと、抽出条件を指定するフィールド（ここでは＜価格＞と＜商品分類ID＞）をデザイングリッドに追加し、

❸ ＜クエリツール＞の＜デザイン＞タブで＜更新＞をクリックします。

COLUMN

実行の前に確認する

更新クエリを実行してデータを更新すると、かんたんに元に戻すことはできません。間違って更新されてしまうのを避けるためにも、更新クエリを作成する前に、演算フィールドを追加して更新後の値を確認してみましょう。確認後に式の内容をコピーして手順❸以降の操作を行い、更新クエリの＜レコードの更新＞に式を貼り付ければ安全に操作できます。値を確認したフィールドは削除しておきましょう。

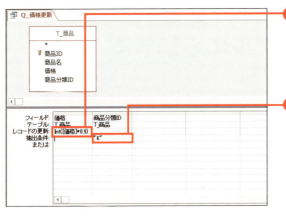

❹ 値を更新するフィールド（ここでは＜価格＞）の＜レコードの更新＞に更新後の内容（ここでは「Int([価格]*0.9)」）を指定し、

❺ 条件を指定するフィールドの＜抽出条件＞に条件（ここでは＜商品分類ID＞に「K」）を入力します。

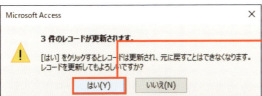

❻ クエリを実行し、

❼ メッセージを確認して、

❽ ＜はい＞をクリックします。

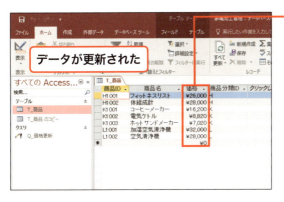

❾ クエリの内容に従って、データが更新されて表示されます。

COLUMN

更新クエリのアイコン

ナビゲーションウィンドウのクエリの中で のアイコンが表示されているクエリは、更新クエリです。更新クエリを繰り返して実行すると、そのたびにデータが更新されます。誤って実行しないようにしましょう。

第 3 章 自由自在に操作する！クエリ 技ありテクニック

SECTION 101 発展
抽出したデータを別テーブルに追加する

条件に一致するレコードを別のテーブルに追加するクエリを、追加クエリといいます。なお、追加先のテーブルの構造が、追加するレコードが入っている基のテーブルの構造と異なる場合、レコードを追加できない場合もあるので注意します。

≫ 追加クエリを作成する

「T_注文」テーブルの2016年以前の注文レコードを「T_2016年注文」テーブルに追加します。

❶「T_注文」テーブルと同じ構造の「T_2016年注文」テーブルをあらかじめ用意しておきます（P.157参照）。

❷ クエリをデザインビューで開いて、

❸ 基となるテーブル（ここでは「T_注文」）の追加するフィールドをデザイングリッドに追加し、

❹ 条件を指定するフィールドの＜抽出条件＞に条件（ここでは＜注文日＞に「<=2016/12/31」）を入力します。

❺ ＜クエリツール＞の＜デザイン＞タブで＜追加＞をクリックし、

❻ レコードを追加する先のテーブル（ここでは「T_2016年注文」テーブル）を指定して、

❼ ＜ OK ＞をクリックします。

❽ クエリを実行します。図のようなメッセージが表示されたら確認して＜はい＞をクリックします。

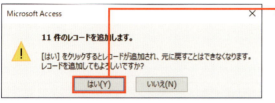

❾ メッセージを確認して＜はい＞をクリックします。

❿ 指定したテーブルに、指定したレコードが追加されます。

レコードが追加された

MEMO 同じ構造のテーブル

同じ構造のテーブルを作成するには、ナビゲーションウィンドウのテーブルを選択して＜ホーム＞タブの＜コピー＞＜貼り付け＞の順にクリックし、＜貼り付けの設定＞で＜テーブル構造のみ＞→＜OK＞の順にクリックします。

●発展

COLUMN

追加クエリのアイコンと削除クエリ

ナビゲーションウィンドウに表示されているクエリのうち、のアイコンが表示されているクエリは、追加クエリです。追加クエリを繰り返して実行すると、そのたびに該当するレコードが追加されることがあります。誤って実行しないようにしましょう。

また、追加クエリとは逆に、条件に一致するレコードを削除するものを削除クエリといいます。削除クエリを利用する場合は、デザイングリッドに削除する条件を指定するフィールドを追加して条件を指定し、手順❺で＜削除＞をクリックします。削除クエリでは、条件に一致するレコード全体が削除されます。

157

SECTION 102 発展

第 3 章 自由自在に操作する！クエリ 技ありテクニック

抽出したデータでテーブルを作成する

条件に一致するレコードをコピーして、新規テーブルを作成するには、テーブル作成クエリを作成します。テーブル作成クエリのデザインビューでは、レコードの抽出条件や、新規に作成するテーブルの名前などを指定します。

クエリを基にテーブルを作成する

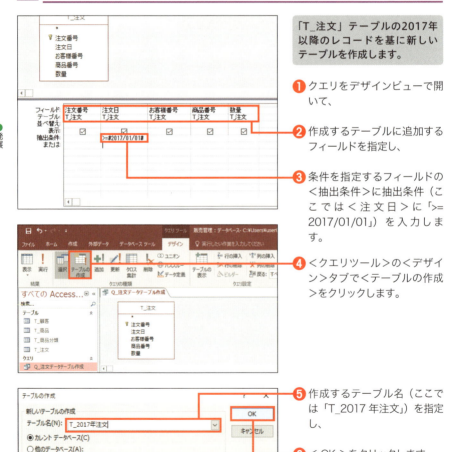

「T_注文」テーブルの2017年以降のレコードを基に新しいテーブルを作成します。

❶ クエリをデザインビューで開いて、

❷ 作成するテーブルに追加するフィールドを指定し、

❸ 条件を指定するフィールドの＜抽出条件＞に抽出条件（ここでは＜注文日＞に「>= 2017/01/01」）を入力します。

❹ ＜クエリツール＞の＜デザイン＞タブで＜テーブルの作成＞をクリックします。

❺ 作成するテーブル名（ここでは「T_2017年注文」）を指定し、

❻ ＜OK＞をクリックします。

7 クエリを実行します。図のようなメッセージが表示されたら、確認して＜はい＞をクリックします。

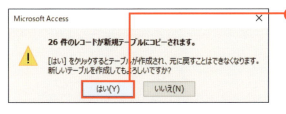

8 メッセージを確認して、＜はい＞をクリックします。

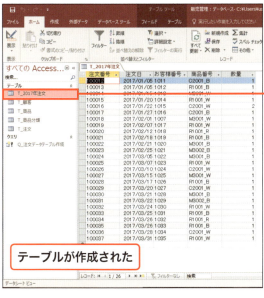

9 新しいテーブルが作成され、該当するレコードが追加されます。

テーブルが作成された

MEMO アクションクエリの表示について

アクションクエリを間違って実行すると、レコードの内容を書き換えてしまうこともあります。間違って実行してしまうことがないように、隠しオブジェクトに設定してナビゲーションウィンドウから隠しておく（P.342参照）などの対策をしておきましょう。

●発展

COLUMN

テーブル作成クエリのアイコン

テーブル作成クエリは、ナビゲーションウィンドウで のアイコンが表示されています。テーブル作成クエリを実行する際に作成するテーブル名と同じ名前のテーブルがある場合、既存のテーブルが削除されて新しいテーブルが作成されます。

159

COLUMN

式ビルダーを利用して式を入力する

この章では、クエリで利用できる関数をいくつか紹介しましたが、Accessでは、ほかにもさまざまな関数が用意されています。式を作成するときに、＜クエリツール＞の＜デザイン＞タブで＜ビルダー＞をクリックすると、「式ビルダー」画面が表示されます。この画面では、式を入力するスペースが大きく表示され、簡単に式を作成できるような機能が用意されています。たとえば、＜関数＞の ⊞ をクリックし、＜組み込み関数＞をクリックすると、用意されているさまざまな関数が表示されます。＜式のカテゴリ＞をクリックし、関数名をクリックすると、関数の書式や内容などのヒントも表示されます。関数名をダブルクリックすると、関数名が入力されます。

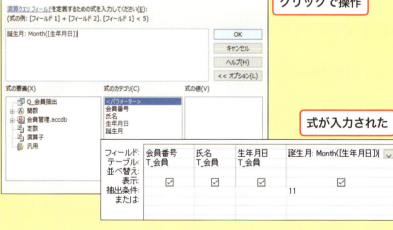

第 **4** 章

もっと便利に！
フォーム
即効テクニック

SECTION 103 作成

テーブルからフォームを作成する

第4章 もっと便利に！フォーム即効テクニック

フォームを利用すると、テーブルにレコードを入力する入力画面や、テーブルのレコードを整理して表示する表示画面などを作成できます。フォームには、1件のレコードを1画面で表示する単票形式のものや表形式のレイアウトなどが用意されています。

フォームを作成する

「T_顧客」テーブルを基に単票形式のフォームを作成します。

1. ナビゲーションウィンドウからフォームの基になるテーブル（ここでは「T_顧客」）をクリックし、

2. ＜作成＞タブの＜フォーム＞をクリックします。

3. フォームがレイアウトビューで表示されます。

フォームが作成された

MEMO フォーム

ここではテーブルを基にフォームを作成していますが、クエリを利用して作成することも可能です。

COLUMN

フォームとは

フォームは基本的にテーブルやクエリと連結しており、データの入力やデータの表示に用いられます。フォームの特徴として、以下のようなものが挙げられます。

・フォームの入力をテーブルに反映できる
・ひとつのテーブルに対して複数のフォームを作成し利用できる
・ひとつのフォームから複数のテーブルに入力ができる
・表示の形式やレイアウトを自由に変更できる（P.163下段MEMO参照）

第 4 章　もっと便利に！フォーム 即効テクニック

SECTION 104 作成

形式を指定して作成する

フォームを作成する際、＜作成＞タブの＜フォーム＞を選択すると単票形式のフォームが作成されます。別の形式のフォームを作成するには、＜フォームウィザード＞（P.164参照）や＜その他のフォーム＞を利用します。

≫ 形式を指定する

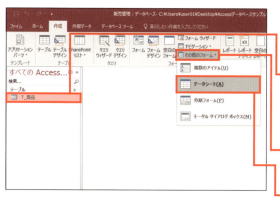

「T_商品」テーブルを基にデータシート形式のフォームを作成します。

1. ナビゲーションウィンドウからフォームの基になるテーブル（ここでは「T_商品」）をクリックし、

2. ＜作成＞タブの＜その他のフォーム＞をクリックし、

3. フォームの形式（ここでは＜データシート＞）をクリックします。

4. フォームが作成され、データシートビューで表示されます。

MEMO　フォームの形式

ここでは、データシート形式のフォームを作成しました。データシート形式のフォームは、単票形式のフォームに埋め込む場合などに用いられます。ほかの形式のフォームを作成する方法は、P.164で紹介しています。

MEMO　フォームの利点

フォームの大きな利点として、レイアウトを使いやすく編集できることが挙げられます。テキストボックスの幅や高さ、位置の修正だけでなく、画像の挿入なども自由に行うことが可能です。また、テーブルを直接操作しないことで、データの書き換えミスなどの発生を防ぐ効果もあります。

163

第 4 章 もっと便利に！フォーム 即効テクニック

SECTION 105 作成

フォームウィザードから作成する

フォームを作成する際、フォームウィザードを利用すると、フォームに表示するフィールドを選択したり、フォームの形式を選択したりしながらフォームを作成できます。複数のテーブルやクエリを基にフォームを作成することもできます。

≫ フォームウィザードを利用する

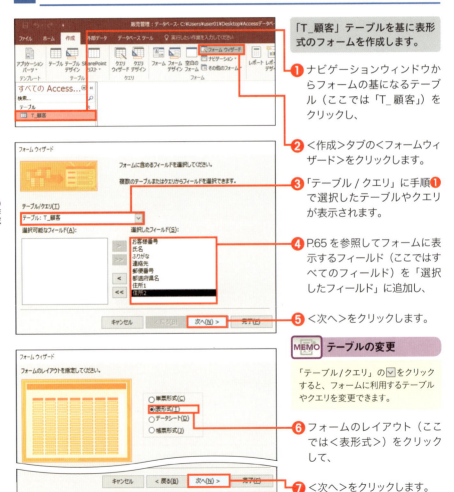

「T_顧客」テーブルを基に表形式のフォームを作成します。

❶ ナビゲーションウィンドウからフォームの基になるテーブル（ここでは「T_顧客」）をクリックし、

❷ <作成>タブの<フォームウィザード>をクリックします。

❸ 「テーブル/クエリ」に手順❶で選択したテーブルやクエリが表示されます。

❹ P.65を参照してフォームに表示するフィールド（ここではすべてのフィールド）を「選択したフィールド」に追加し、

❺ <次へ>をクリックします。

MEMO テーブルの変更
「テーブル/クエリ」の⌵をクリックすると、フォームに利用するテーブルやクエリを変更できます。

❻ フォームのレイアウト（ここでは<表形式>）をクリックして、

❼ <次へ>をクリックします。

164

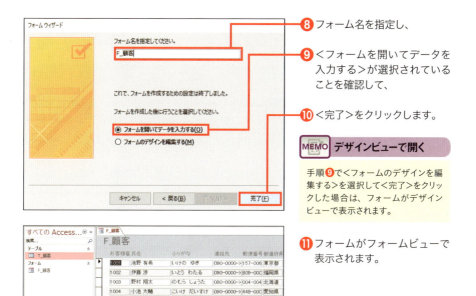

❽ フォーム名を指定し、

❾ <フォームを開いてデータを入力する>が選択されていることを確認して、

❿ <完了>をクリックします。

> **MEMO デザインビューで開く**
>
> 手順❾で<フォームのデザインを編集する>を選択して<完了>をクリックした場合は、フォームがデザインビューで表示されます。

⓫ フォームがフォームビューで表示されます。

> **MEMO フォームの修正**
>
> フォームに表示する内容や文字の大きさなどは、あとから修正できます。

フォームが作成された

COLUMN

複数のテーブルやクエリから作成する

フォームは、複数のテーブルやクエリを基に作成できます。その場合、一般的には、リレーションシップが設定されている複数のテーブルを使用し、共通のフィールドを介してデータを参照して表示します。これを利用して、注文ごとの注文明細を1つのフォームで示すなど、細かい設定ができます（P.172参照）。

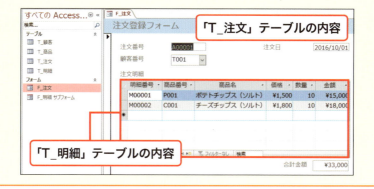

第 4 章　もっと便利に！フォーム 即効テクニック

SECTION 106 作成
分割形式のフォームを作成する

分割形式のフォームとは、フォームを分割してデータシート形式のフォームと単票形式のフォームを一画面で表示したもののことです。データシートのレコードを選択すると、選択したレコードの詳細データが、分割されているもう一方のフォームに表示されます。

≫ 分割フォームを作成する

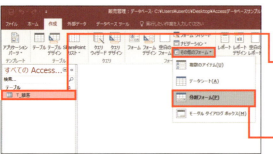

レコードの一覧と明細を表示する分割フォームを作成します。

❶ ナビゲーションウィンドウからフォームの基になるテーブル（ここでは「T_顧客」）をクリックし、

❷ ＜作成＞タブの＜その他のフォーム＞→＜分割フォーム＞の順にクリックします。

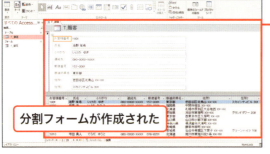

分割フォームが作成された

❸ 分割フォームが作成され、レイアウトビューで開きます。

MEMO　あとから分割フォームにする

ここでは直接分割フォームを作成していますが、すでに作成したフォームをあとから分割フォームに変更することもできます（P.169参照）。

COLUMN

表示領域を変更する

フォームの境界線部分にマウスポインターを移動してドラッグすると、フォームの分割位置を変更できます。見やすい配置になるように調整してみましょう。

指定したレコードを表示する

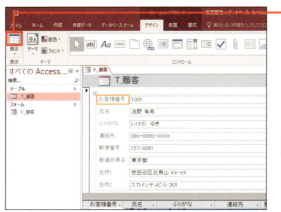

① <フォームレイアウトツール>の<デザイン>タブで<表示>をクリックします。

MEMO データの修正

分割フォームでデータを修正すると、分割されているもう一方のフォームにも修正が反映されます。

② フォームがフォームビューで表示されます。

③ データシートから表示するレコードをクリックします。

④ 選択したレコードの詳細が表示されます。

MEMO データシートの位置

ここでは単票形式のフォームが上に表示されていますが、これは入れ替えることができます。また、上下ではなく左右に分割して表示することも可能です（P.168参照）。

第 4 章 もっと便利に！フォーム 即効テクニック

SECTION 107 作成

分割したフォームの上下を入れ替える

分割フォームを作成すると、最初は、データシートがフォームの下に表示されます。フォームをデザインビューで開き、フォームの＜分割フォームの方向＞プロパティから向きを指定すると、この配置を変更できます。

分割フォームの方向を指定する

❶ 分割フォームをデザインビューで開いて、

❷ フォームセレクタをクリックし、

❸ ＜フォームデザインツール＞の＜デザイン＞タブで＜プロパティシート＞をクリックします（P.196参照）。

❹ ＜書式＞タブの＜分割フォームの方向＞プロパティの ▼ をクリックして、

❺ データシートの配置（ここでは＜データシートを上に＞）をクリックします。

フォームの配置が変更された

❻ データシート部分が上に移動しました。

MEMO フォームセレクタ

フォームの左上に表示される ■ をフォームセレクタとよび、クリックすることでフォーム全体を選択できます。ダブルクリックすると、プロパティシートが表示されます。

SECTION 108 作成

第4章 もっと便利に！フォーム 即効テクニック

作成済みのフォームを分割フォームにする

フォームを開くときのビューは、フォームの＜既定のビュー＞プロパティで設定できます。＜既定のビュー＞プロパティで＜分割フォーム＞を選択すると、作成済みのフォームを分割フォームの形式で開くことができます。

≫ 分割フォームに変更する

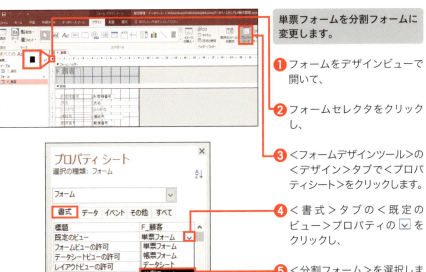

単票フォームを分割フォームに変更します。

1. フォームをデザインビューで開いて、
2. フォームセレクタをクリックし、
3. ＜フォームデザインツール＞の＜デザイン＞タブで＜プロパティシート＞をクリックします。
4. ＜書式＞タブの＜既定のビュー＞プロパティの ▽ をクリックし、
5. ＜分割フォーム＞を選択します。
6. フォームが分割フォームに変更されます。

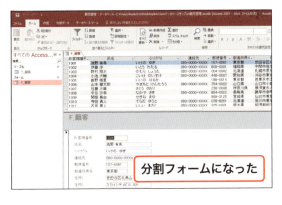

分割フォームになった

MEMO ビューの許可

フォームのビューを切り替えられるように指定するには、フォームの＜フォームビューの許可＞＜データシートビューの許可＞＜レイアウトビューの許可＞プロパティで指定します。たとえば、＜レイアウトビューの許可＞を＜いいえ＞にすると、レイアウトビューに切り替えられなくなります。

第 4 章　もっと便利に！フォーム 即効テクニック

SECTION 109 作成
ナビゲーションフォームを作成する

ひとつのフォームに複数のフォームやレポートを表示して、タブで切り替えるタイプのフォームをナビゲーションフォームといいます。ナビゲーションフォームは、タブの表示位置と選択したときに表示するフォームやレポートを指定して作成します。

≫ ナビゲーションフォームを作成する

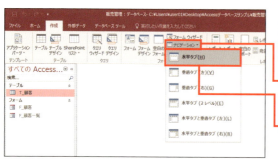

表形式のフォームと単票形式のフォームを切り替えて表示できるようにします。

❶ ＜作成＞タブの＜ナビゲーション＞をクリックし、

❷ ＜水平タブ＞をクリックします。

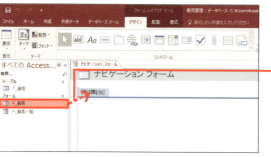

❸ ナビゲーションフォームがレイアウトビューで表示されます。

❹ ナビゲーションフォームに配置するフォーム（ここでは「F_顧客」）をナビゲーションウィンドウからタブに向かってドラッグします。

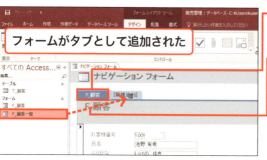

フォームがタブとして追加された

❺ ナビゲーションフォームにタブとして追加されます。

❻ 同様に、追加したいフォーム（ここでは「F_顧客一覧」）をタブに向かってドラッグします。

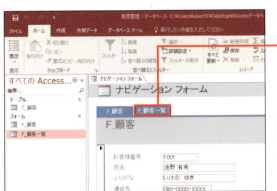

❼ フォームビューに移動し、

❽ 切り替えるタブ（ここでは「F_顧客一覧」）をクリックします。

MEMO フォームの確認

ここではフォームビューで操作していますが、手順❻の画面でも同様にタブを切り替えて確認できます。

表示されるフォームが切り替わった

❾ タブが切り替わり、フォームの内容が表示されます。

MEMO ナビゲーションフォームの利点

関連するフォームやレポートを同時に開いて作業を行うことが多い場合は、ナビゲーションフォームを利用すると便利です。フォームやレポートを複数開く手間が省け、すぐに作業を行う準備を整えられます。

COLUMN

タブの種類

P.170手順❶ではタブの表示位置を指定しています。たとえば、＜垂直タブ（左）＞をクリックすると、左端に縦にタブが並びます。また、＜垂直タブ（2レベル）＞＜水平タブと垂直タブ（左）＞＜水平タブと垂直タブ（右）＞を選択すると、レベルごとにタブを整理できます。

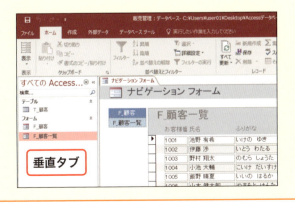

垂直タブ

SECTION 110 作成

メイン／サブ形式のフォームを作成する

第4章 もっと便利に！フォーム即効テクニック

メイン／サブフォームとは、メインになる単票形式のフォームで表示しているレコードの明細データをサブフォームに表示するフォームです。一般的に、リレーションシップを設定した共通のフィールドを利用して関連データを表示します。

≫ メイン／サブフォームを作成する

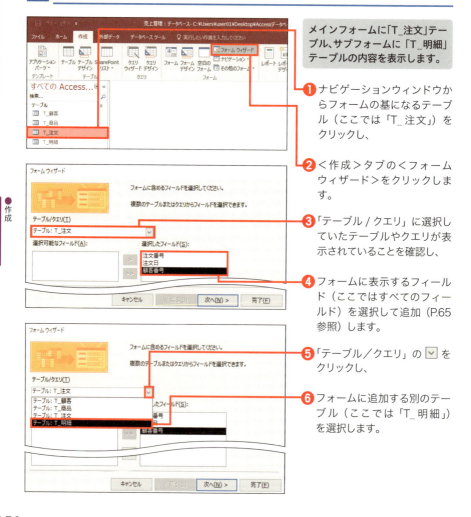

メインフォームに「T_注文」テーブル、サブフォームに「T_明細」テーブルの内容を表示します。

❶ ナビゲーションウィンドウからフォームの基になるテーブル（ここでは「T_注文」）をクリックし、

❷ ＜作成＞タブの＜フォームウィザード＞をクリックします。

❸ 「テーブル / クエリ」に選択していたテーブルやクエリが表示されていることを確認し、

❹ フォームに表示するフィールド（ここではすべてのフィールド）を選択して追加（P.65参照）します。

❺ 「テーブル／クエリ」の ▽ をクリックし、

❻ フォームに追加する別のテーブル（ここでは「T_明細」）を選択します。

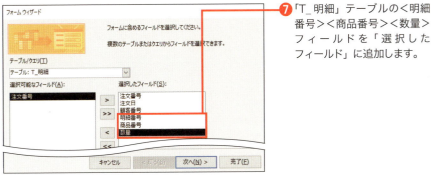

❼「T_明細」テーブルの＜明細番号＞＜商品番号＞＜数量＞フィールドを「選択したフィールド」に追加します。

❽「テーブル/クエリ」の 　 をクリックし、

❾ フォームに追加する別のテーブル（ここでは「T_商品」）を選択します。

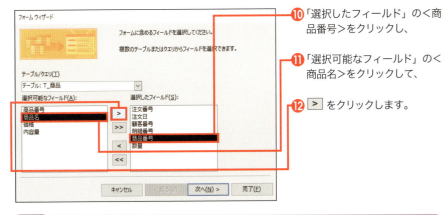

❿「選択したフィールド」の＜商品番号＞をクリックし、

⓫「選択可能なフィールド」の＜商品名＞をクリックして、

⓬ 　 をクリックします。

MEMO サンプルのフォームについて

ここで利用しているデータベースでは、あらかじめテーブル同士にリレーションシップを設定しているため、各注文の明細データを表示できます。また、＜商品番号＞を入力すると＜商品名＞を自動表示するなど、別のテーブルのデータを参照して表示することも可能です。さらに、サブフォームに＜価格＞×＜数量＞の値を＜合計＞として表示したり（P.202参照）、メインフォームに明細データの＜合計＞を表示したりできます（P.204参照）。

173

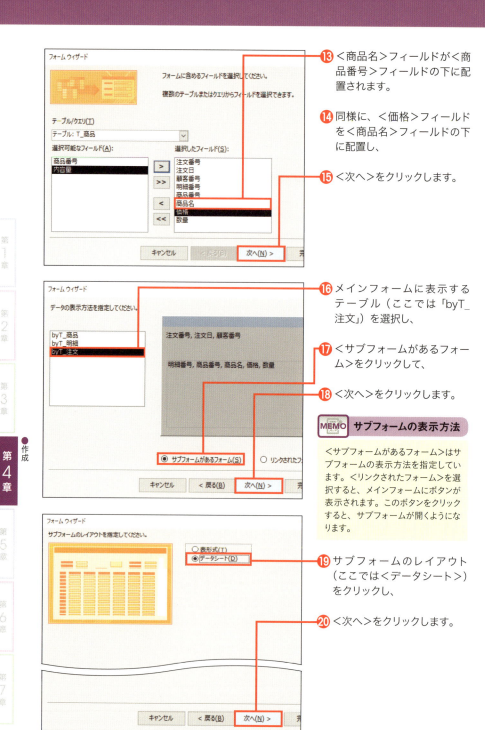

⓭ <商品名>フィールドが<商品番号>フィールドの下に配置されます。

⓮ 同様に、<価格>フィールドを<商品名>フィールドの下に配置し、

⓯ <次へ>をクリックします。

⓰ メインフォームに表示するテーブル（ここでは「byT_注文」）を選択し、

⓱ <サブフォームがあるフォーム>をクリックして、

⓲ <次へ>をクリックします。

MEMO サブフォームの表示方法

<サブフォームがあるフォーム>はサブフォームの表示方法を指定しています。<リンクされたフォーム>を選択すると、メインフォームにボタンが表示されます。このボタンをクリックすると、サブフォームが開くようになります。

⓳ サブフォームのレイアウト（ここでは<データシート>）をクリックし、

⓴ <次へ>をクリックします。

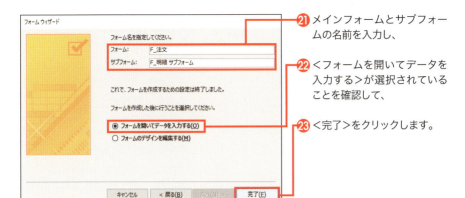

㉑ メインフォームとサブフォームの名前を入力し、

㉒ ＜フォームを開いてデータを入力する＞が選択されていることを確認して、

㉓ ＜完了＞をクリックします。

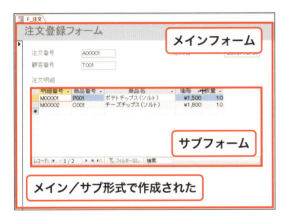

㉔ フォームが作成されます。必要に応じて、コントロールの配置やサイズ、ラベルの文字などを適宜修正します。

MEMO 注文番号で並べ替える

メインフォームのレコードの並び順は、フォームで指定することもできます。たとえば、＜注文番号＞順に並べるには、＜注文番号＞が表示されているテキストボックスをクリックし、＜ホーム＞タブの＜昇順＞をクリックします。

COLUMN

メインフォームとサブフォームの関連について

メインフォームとサブフォームは、リレーションシップで設定した共通のフィールドによって関連付けが設定されます。プロパティシートを表示し、サブフォームの＜リンク親フィールド＞＜リンク子フィールド＞プロパティから共通のフィールドを確認できます。

SECTION 111 作成

空白のフォームを作成する

第4章 もっと便利に！フォーム 即効テクニック

フォームには、テーブルやクエリのデータと連結している連結フォームと、テーブルやクエリのデータと連結していない非連結フォームがあります。非連結フォームは、メニュー画面を作成するときなどに使用します（P.288参照）。

≫ 空白のフォームを作成する

❶ <作成>タブで、<空白のフォーム>をクリックします。

MEMO 非連結フォーム

テーブルやクエリのデータと連結していないフォームを「非連結フォーム」といいます。非連結フォームを連結フォームにするには、フォームの<レコードソース>プロパティで連結するテーブルやクエリを選択します。

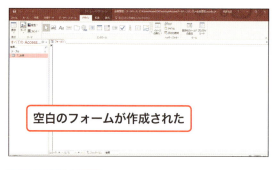

空白のフォームが作成された

❷ フォームが作成され、レイアウトビューで表示されます。

MEMO フォーム作成後は

空白のフォームからデータベースを操作するメニュー用のフォームを作成するには、タイトルの文字を表示したり、フォームやレポートを開くボタンを配置したりします（P.198、288参照）。

COLUMN

デザインビューから作成する

手順❶の画面で<フォームデザイン>をクリックすると、フォームをデザインビューから作成できます。

デザインビューで作成された

第 4 章 もっと便利に！フォーム 即効テクニック

SECTION 112 入力

フォームからデータを入力する

フォームから新しいレコードを入力するには、新規レコードに移動してデータを入力します。入力したレコードは、フォームの基になっているテーブル、または、フォームの基になっているクエリの基のテーブルに自動的に保存されます。

レコードを入力する

❶ フォームをフォームビューで開いて、

❷ <新しい（空の）レコード> をクリックします。

MEMO レコードの修正

フォームでレコードを修正すると、フォームの基になっているテーブルやクエリの基のテーブルのレコードが修正されます。フォームでレコードを切り替えるには、<移動ボタン>を使用します（P.180参照）。

❸ 新規レコードを入力する画面が表示されます。

MEMO レコードを確認する

フォームで追加したデータは、フォームの基のテーブル、または、フォームの基のクエリの基のテーブルにレコードが自動的に追加されます。基のテーブルを開くとレコードが保存されています。

❹ 必要なデータを入力して「住所2」で Enter キーを押すと、新規レコードとして保存されます。

177

SECTION 113 入力

フィールドを移動する

フォームでレコードを入力するとき、次のフィールドに文字カーソルを移動するには、Enterキーや Tab キーを押します。レコードの入力中に、キーボードから手を離さずに文字カーソルを移動できるように、操作を覚えておきましょう。

≫ レコードを入力する

❶ フォームを表示して新規レコードにデータを入力し、

❷ Tab キーを押します。

MEMO 矢印キーで移動する

↓キーを押しても、次のフィールドに文字カーソルを移動できます。

❸ 次のフィールドに移動します。

❹ フォーム内のフィールドすべてにデータを入力後、Tab キーを押すと、

❺ 新しいレコードの入力画面が表示されます。

MEMO 前のフィールドに移動する

Shift + Tab キーや ↑ キーを押すと、文字カーソルが前のフィールドに戻ります。

SECTION 114 入力

入力を取り消す

フォームでデータを入力中、Escキーを押すと入力中のフィールドのデータが削除され、さらにもう一度Escキーを押すと、新規レコードの入力自体がキャンセルされます。DeleteキーやBackSpaceキーで1文字ずつ削除するよりすばやく操作できます。

≫ 入力を取り消す

❶ フォームビューでデータの入力中に Esc キーを押します。

MEMO 入力を制限する
フォームにレコードを追加できるようにするかは、フォームの<追加許可>プロパティから指定できます。入力したレコードを修正できるようにするかはフォームの<更新の許可>プロパティから指定します。

❷ 入力中のデータが削除されます。

❸ そのままもう一度 Esc キーを押します。

❹ レコード全体の入力がキャンセルされます。

MEMO レコードの削除
既存のレコードを削除する方法は、P181を参照してください。

SECTION 115 入力

第 ❹ 章　もっと便利に！フォーム 即効テクニック

レコードを切り替える

フォームに表示するレコードを切り替えるには、画面下部にある＜前のレコード＞ ◀ や＜次のレコード＞ ▶ などのボタンをクリックします。また、表示するレコードの番号を直接入力して切り替えることもできます。

≫ レコードを移動する

❶ フォームをフォームビューで開いて、

❷ ＜次のレコード＞ ▶ をクリックします。

MEMO レコード番号の指定

＜カレントレコード＞にレコード番号を入力して Enter キーを押すと、指定したレコードに直接移動します。

レコードが切り替わった

❸ 次のレコードが表示されます。

MEMO 並べ替えについて

フォームでレコードの並び順を変更した場合は（P.175MEMO参照）、フォームの＜並べ替え＞プロパティで確認・修正できます。

COLUMN

移動ボタン

フォームのレコードを移動するには、移動ボタンを使用します。移動ボタンの表示／非表示は、フォームの＜移動ボタン＞プロパティで指定できます。

❶	先頭レコード	先頭のレコードに移動
❷	前のレコード	前のレコードに移動
❸	カレントレコード	現在選択されているレコードとレコード件数を表示
❹	次のレコード	次のレコードに移動
❺	最終レコード	最後のレコードに移動
❻	新しい（空の）レコード	新規レコードを入力

SECTION 116 入力

第 4 章 もっと便利に！フォーム 即効テクニック

レコードを削除する

フォームからレコードを削除する場合は、レコードセレクタを選択して操作します。削除したレコードは元に戻すことはできません。必要に応じてバックアップを取っておくなど、慎重に操作するようにしましょう。

≫ レコードを削除する

❶ フォームをフォームビューで開いて、

❷ 削除するレコードを表示し、

❸ レコードセレクタ ▶ をクリックします。

MEMO 複数レコードの削除

表形式のフォームで複数のレコードを削除する場合は、レコードセレクタを上下にドラッグして複数のレコードを選択してから操作します。

❹ ＜ホーム＞タブの＜削除＞をクリックするか、Delete キーを押します。

❺ ＜はい＞をクリックすると、

❻ 選択したレコードが削除されます。

レコードが削除された

MEMO 削除不可にする

フォームでレコードを削除できないようにするには、フォームの＜削除の許可＞プロパティを指定する方法があります。

181

SECTION 117 デザイン

第4章 もっと便利に！フォーム 即効テクニック

フォームのデザインを変更する

テーマを変更すると、フォームヘッダーの背景の色やフォームに表示される文字のフォント組み合わせなどフォーム全体のデザインがまとめて変わります。このとき、ほかのフォームやレポートのデザインも変更されるので注意しましょう。

≫ テーマを変更する

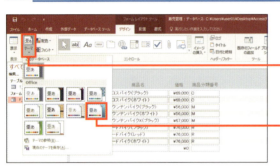

1. フォームをレイアウトビューやデザインビューで開いて、
2. ＜フォームレイアウトツール＞の＜デザイン＞タブで＜テーマ＞をクリックし、
3. 設定するテーマ（ここでは＜スライス＞）を選択します。

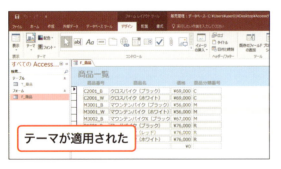

4. テーマが適用され、フォントや配色などのデザインが変わります。

MEMO テーマを元に戻す

テーマを元に戻すには、初期設定の＜Office＞を選択します。

COLUMN

一部分だけ変更する

色の組み合わせだけを変更する場合は＜フォームデザインツール＞の＜デザイン＞タブで＜配色＞を、文字の形の組み合わせだけを変更するには＜フォント＞をクリックして指定します。

≫ コントロールのデザインを変更する

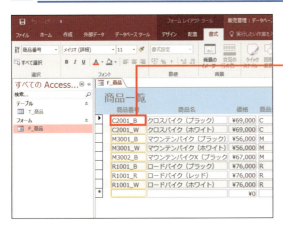

❶ フォームをレイアウトビューやデザインビューで開いて、

❷ 書式を変更するコントロールをクリックします。

MEMO コントロール

テキストボックスやラベルなど、フォームを構成する部品をコントロールと呼びます。コントロールはさまざまな種類があり、用途に応じてフォームに追加して利用できます（P.186参照）。

❸ ＜フォームレイアウトツール＞の＜書式＞タブで＜背景色＞や＜図形の塗りつぶし＞、＜フォントの色＞の▼をクリックして色を指定します。

MEMO ビューによる違い

＜フォームデザインツール＞および＜フォームレイアウトツール＞はそれぞれ利用しているビューに合わせて表示されますが、プロパティシートなど一部の機能はどちらでも利用できます。本書では画面に表記を合わせています。

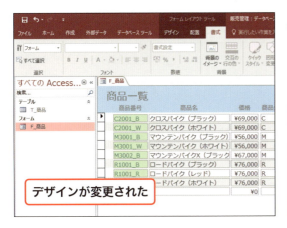

❹ コントロールのデザインが変わります。

MEMO 背景や文字の色

コントロールの背景や文字の色は、テーマによって自動的に設定されています。テキストボックスの場合、背景の色を＜自動＞にすると＜背景1＞の色が指定されます。透明にするには＜透明＞を指定します。

183

SECTION 118 デザイン

第4章 もっと便利に！フォーム 即効テクニック

ヘッダーやフッターを編集する

フォームのタイトルなど、常に配置しておきたいものはフォームの上部にある「フォームヘッダー」セクションや下部にある「フォームフッター」セクションに配置して表示します。「フォームヘッダー」「フォームフッター」の高さは調整できます。

≫ ヘッダーとフッター

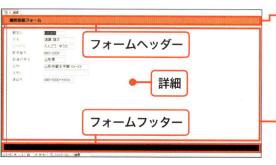

❶ フォーム上部に常に表示される部分を「フォームヘッダー」セクション、フォーム下部に常に表示される部分を「フォームフッター」セクションと呼びます。

❷ 「詳細」セクションにはフォームの基のテーブルなどのフィールドが配置されます。

≫ ヘッダーとフッターを編集する

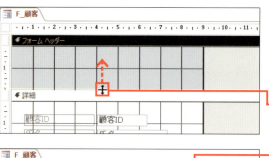

❶ フォームをデザインビューで開いて、

❷ セクションの境界線にマウスポインターを移動し、

❸ ✛ に変わったら、変更したい位置までドラッグします。

❹ セクションのサイズが変更されます。

184

ヘッダーやフッターの背景を指定する

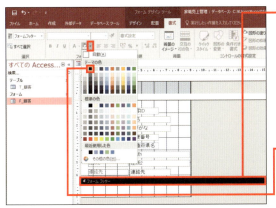

1. デザインビューなどでフォームフッターのセクションバーをクリックし、

2. ＜フォームデザインツール＞の＜書式＞タブで＜図形の塗りつぶし＞の ▼ をクリックして、

3. 背景色（ここでは＜黒＞）を選択します。

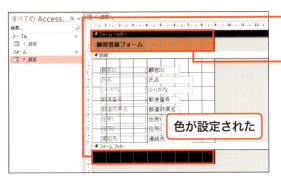

4. フォームフッターの背景色が変わります。

5. フォームヘッダーも同様に背景色などを変更できます。

MEMO ラベルの追加

フォームヘッダーやフッターには、ラベルなどのコントロールを追加できます（P.195参照）。

COLUMN

フォームヘッダー／フッターを表示する

フォームヘッダーやフォームフッターのセクションが表示されていない場合は、フォーム上の何もないところを右クリックし、＜フォームヘッダー／フッター＞をクリックします。

SECTION 119 デザイン

第4章 もっと便利に！フォーム 即効テクニック

コントロールを選択する

フォームをフォームウィザードなどで作成すると、基のテーブルやクエリのデータを表示したり値を選択したりするコントロールという部品が配置されます。これらのコントロールの動作や表示方法などを変更するには、コントロールを選択します。

≫ コントロールを選択する

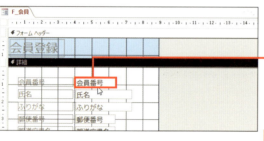

❶ フォームをデザインビューやレイアウトビューで開いて、

❷ 選択するコントロールをクリックすると（MEMO参照）、

❸ コントロールが選択されます。

MEMO コントロールの選択

コントロールを選択する際は、コントロールの外枠をクリックします。コントロールの種類によっては、コントロールの内側をクリックすると文字カーソルが表示され、コントロールのプロパティの値を変更する状態になるため注意しましょう。

COLUMN

コントロールの種類

コントロールには、次のような種類があります。レイアウトビューやデザインビューの＜デザイン＞タブから、コントロールを追加することもできます。

種類	内容
ラベル	文字を表示する
テキストボックス	文字や計算結果を表示する
タブコントロール	タブを表示してページを切り替える
ボタン	クリックしてマクロなどを実行する
コンボボックス	リストから入力値を選択する
トグルボタン	ボタンでオンかオフの値を選択する
イメージ	画像やロゴファイルなどを表示する

第 4 章　もっと便利に！フォーム 即効テクニック

SECTION 120
デザイン

複数のコントロールを選択する

複数のコントロールをまとめて移動したり、書式を変更したりするときは、複数のコントロールを同時に選択します。複数のコントロールをクリックするときは、Ctrlキーまたは Shiftキーを押しながらクリックするほか、ルーラーを使用する方法などがあります。

複数のコントロールを選択する

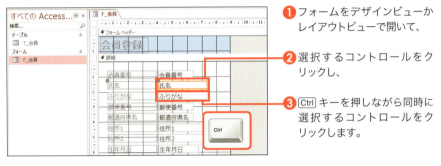

❶ フォームをデザインビューかレイアウトビューで開いて、

❷ 選択するコントロールをクリックし、

❸ Ctrl キーを押しながら同時に選択するコントロールをクリックします。

❹ 複数のコントロールが選択されます。

❺ 同様に、選択するコントロールをクリックしていきます。

MEMO 選択の解除

フォームの何もないところをクリックすると、選択を解除できます。

COLUMN

その他の方法で選択する

縦に並ぶコントロールや横に並ぶコントロールをまとめて選択する場合、デザインビューのルーラー上をクリックまたは、ドラッグすると、クリックやドラッグした位置にあるすべてのコントロールを選択できます。また、選択したい複数のコントロールを囲むように斜め方向にドラッグしても、同様に複数のコントロールを選択できます。

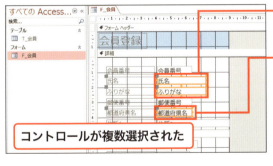

SECTION 121 デザイン

コントロールのサイズを変更する

第4章 もっと便利に！フォーム 即効テクニック

コントロールの大きさを変更するには、フォームのデザインビューやレイアウトビューで操作します。レイアウトビューではデータの内容が表示されるので、文字の長さや大きさにあわせてコントロールのサイズを調整できます。

≫ コントロールのサイズを変更する

❶ フォームをレイアウトビューやデザインビューで開いて、

❷ コントロールの外枠にマウスポインターを移動し、

❸ マウスポインターの表示が ⟷ になったら、ドラッグしてコントロールの大きさを指定します。

❹ コントロールの大きさが変わります。

MEMO 個別に変更する

コントロールにレイアウトが設定されている場合、複数のコントロールの大きさがまとめて変更されます（P.189参照）。

COLUMN

フォームの横幅を指定する

フォームを別のフォームに表示するときなどは、フォームの横幅を指定したいことがあります。横幅を調整するには、フォームをデザインビューで開き、フォームの右端をドラッグして操作します。

第 ❹ 章　もっと便利に！フォーム 即効テクニック

SECTION 122
デザイン

コントロールのレイアウトを解除する

コントロールがグループ化されている場合は、コントロールにレイアウトが設定されています。レイアウトを利用するとコントロールの配置をかんたんに変更できますが、個々のコントロールを自由に操作するにはレイアウトを解除する必要があります。

≫ レイアウトを解除する

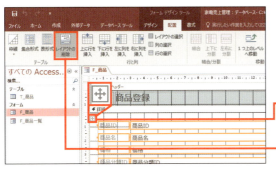

❶ フォームをデザインビューで開いて、

❷ レイアウトを解除したいコントロールを選択し、

❸ 表示されるレイアウトセレクタをクリックして、

❹ ＜フォームデザインツール＞の＜配置＞タブで＜レイアウトの削除＞をクリックします。

❺ レイアウトが解除されて、個々のコントロールを操作できるようになります。

レイアウトが解除された

MEMO 表形式の場合

表形式のフォームで表形式のレイアウトが設定されているとき、レイアウトを解除するには、レイアウトを解除するコントロールをクリックし、表示されるレイアウトセレクタをクリックして手順❹の操作を行います。

COLUMN

グループ化するレイアウトを作成する

レイアウトを作成するには、グループ化する複数のコントロールを選択します。単票形式のフォームなどで左にラベルがあるレイアウトは＜配置＞タブの＜集合形式＞、表形式のフォームなどで上にラベルがあるレイアウトは＜表形式＞を選択します。

189

第 4 章 もっと便利に！フォーム 即効テクニック

SECTION 123 コントロールを移動する

フォームのコントロールの位置は自由に変更できます。データが見やすく、入力しやすいように整えましょう。また、フィールド名を示すラベルと、フィールドの値を表示するテキストボックスなどを個別に移動することもできます。

コントロールを移動する

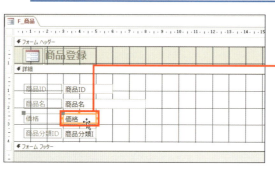

❶ フォームをデザインビューで開いて、

❷ 移動するコントロールを選択します。

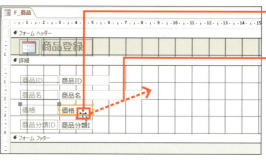

❸ コントロールの外枠にマウスポインターを移動して、

❹ 移動先までドラッグします。

MEMO ラベルだけ移動する

ラベルとテキストボックスを個別に移動するには、コントロールの左上のハンドル■をドラッグします。

❺ コントロールが指定した位置まで移動します。

MEMO 自由に移動できない

コントロールを自由に移動できない場合は、コントロールにレイアウトが設定されている可能性があります（P.189参照）。

SECTION 124 デザイン

第 4 章 もっと便利に！フォーム 即効テクニック

コントロールを等間隔に配置する

コントロールを縦や横に並べて表示する際、コントロールの間隔を均等に自動配置する機能を使うと、綺麗に揃えられます。たとえば、縦に並べた複数のコントロールを均等に配置すると、上端と下端にあるコントロールを基準に、コントロールが均等に並びます。

≫ 間隔を変更する

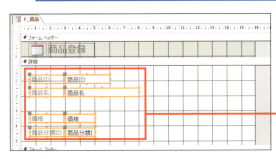

フォームのコントロールを均等な間隔で上下に配置します。

❶ フォームをデザインビューで開いて、

❷ 間隔を揃えたいすべてのコントロールを選択します（P.187参照）。

❸ ＜フォームデザインツール＞の＜配置＞タブで＜サイズ/間隔＞をクリックし、

❹ ＜上下の間隔を均等にする＞をクリックします。

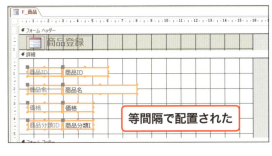

等間隔で配置された

❺ コントロールの間隔が均等に揃います。

MEMO サイズを揃える

コントロールの大きさを揃えるには、対象のコントロールを選択し、手順❹で＜サイズ＞から揃える方法を選択します。

191

SECTION 125 コントロールの配置を揃える

デザイン

コントロールを縦や横に並べるときに、コントロールの端の位置をぴったり揃えるには、配置を自動的に揃える機能を使います。複数のコントロールを選択した状態で、どのコントロールに揃えて配置するか選択します。

コントロールの配置を揃える

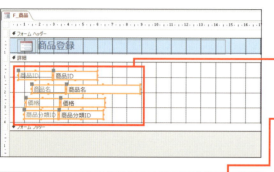

❶ フォームをデザインビューで開いて、

❷ 配置を揃えたい複数のコントロールを選択します。

❸ <フォームデザインツール>の<配置>タブで<配置>をクリックし、

❹ 揃える基準（ここでは<左>）を選んでクリックします。

MEMO グリッドについて

手順❹で<グリッド>を選択すると、コントロールの位置を調整するときに目安にするグリッドに合わせて配置されます。グリッドの間隔は、フォームの<X軸グリッド数><Y軸グリッド数>プロパティで指定できます。

❺ コントロールの配置が揃います。

MEMO 配置の基準

配置を揃える基準は、選択したコントロールを基準に指定します。たとえば、<左>をクリックすると、複数のコントロールの中で最も左端のコントロールの左側の位置に合わせてほかのコントロールが移動します。

SECTION 126 デザイン

コントロールを削除する

フォームに配置されているコントロールは、あとで削除することもできます。ここでは、不要のコントロールを削除します。複数のコントロールをまとめて削除するには、最初に複数のコントロールを選択してから操作します。

▶ コントロールを削除する

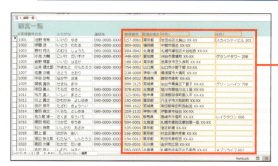

❶ フォームをレイアウトビューやデザインビューで開いて、

❷ 削除したいコントロールを選択します。

MEMO まとめて削除する

複数のコントロールをまとめて削除する場合は、手順❷で複数のコントロールを選択します（P.187参照）。

❸ <ホーム>タブの<削除>をクリックするか、Delete キーを押します。

❹ コントロールが削除されます。

MEMO ラベルだけ削除する

単票形式のフォームでは、テキストボックスを削除すると、フィールド名のラベルも同時に削除されます。ラベルだけを削除したい場合は、ラベルを選択した状態で手順❸の操作を行います。

193

第4章 もっと便利に！フォーム 即効テクニック

SECTION 127 デザイン

フィールドを追加する

フォームに、基のテーブルやクエリのフィールドの値を表示するコントロールを追加するには、フィールドリストからフィールドを配置する方法があります。追加するフィールドをドラッグするだけで簡単にコントロールを追加できます。

≫ フィールドを追加する

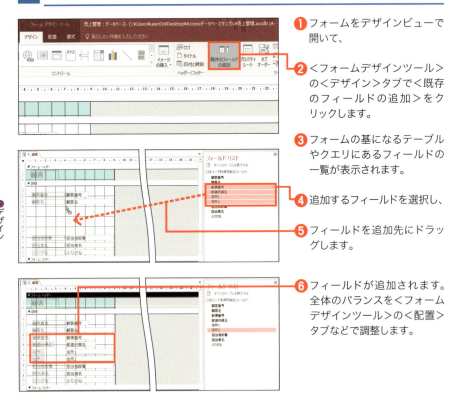

❶ フォームをデザインビューで開いて、

❷ ＜フォームデザインツール＞の＜デザイン＞タブで＜既存のフィールドの追加＞をクリックします。

❸ フォームの基になるテーブルやクエリにあるフィールドの一覧が表示されます。

❹ 追加するフィールドを選択し、

❺ フィールドを追加先にドラッグします。

❻ フィールドが追加されます。全体のバランスを＜フォームデザインツール＞の＜配置＞タブなどで調整します。

MEMO フィールドリストについて

フィールドリストには、フォームの基になっているテーブルやクエリに含まれるフィールドが表示されます。フォームの基のテーブルやクエリは、フォームの＜レコードソース＞プロパティで指定できます。なお、フィールドリストの＜すべてのテーブルを表示する＞をクリックすると、ほかのテーブルが表示されます。たとえば、リレーションシップが設定されているほかのテーブルのフィールドを追加すると、共通フィールドを介して値を参照して表示できます。

SECTION 128 デザイン

ラベルを追加する

第4章 もっと便利に！フォーム 即効テクニック

フォームのタイトルを表示したり、補足の説明などを表示する場合は、フォームにラベルのコントロールを追加して文字を入力します。フォームのタイトルを常に表示しておくには、フォームヘッダーにラベルを追加します。

ラベルを追加する

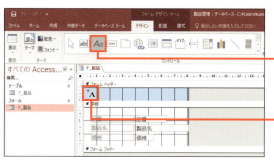

1. フォームをデザインビューで開いて、
2. ＜フォームデザインツール＞の＜デザイン＞タブで＜ラベル＞をクリックし、
3. ラベルを追加する箇所（ここではフォームヘッダー）をクリックします。
4. 文字を入力し、
5. Enter キーを押して決定します。

MEMO ラベルについて

ラベルは、フォームに文字を表示するときに使用するコントロールです。表示する文字は、ラベルをクリックして入力するか、ラベルの＜標題＞プロパティで指定します。

6. 入力した文字がフォームヘッダーに表示されます。

MEMO 写真やロゴを表示する

フォームに画像ファイルを貼り付ける場合は、イメージコントロールを追加して利用します（P.236参照）。

SECTION 129 プロパティシートで詳細に設定する

第 4 章 もっと便利に！フォーム 即効テクニック

デザイン

コントロールの詳細の情報を確認・設定するには、コントロールのプロパティシートで指定します。フォームのレイアウトビューやデザインビューなどでコントロールの位置や大きさ、書式などを変更した場合も、プロパティシートに設定が反映されます。

≫ プロパティシートを表示する

1. フォームをデザインビューかレイアウトビューで開いて、
2. コントロールを選択します。
3. ＜フォームデザインツール＞の＜デザイン＞タブで＜プロパティシート＞をクリックします。

MEMO ダブルクリックで表示する

コントロールをダブルクリックしても、コントロールのプロパティシートを表示できます。

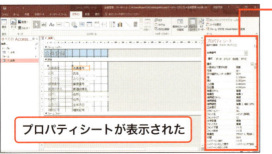

プロパティシートが表示された

4. 選択しているコントロールのプロパティシートが表示されます。

MEMO ビューによる違い

レイアウトビューとデザインビューでは、プロパティシートで設定できる項目が若干異なります。

≫ プロパティの内容を変更する

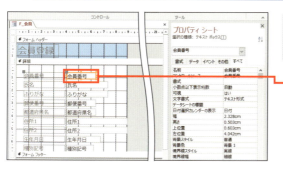

＜フォント太さ＞プロパティを指定して文字の太さを変更します。

❶ 変更したいコントロールを選択します。違う項目が選択されている場合は、▽ をクリックして選択の種類を選択するか、対象のコントロールをクリックして選択します。

MEMO プロパティの項目

プロパティシートに表示される項目は、選択しているコントロールの種類によっても異なります。

❷ ＜書式＞タブで＜フォント太さ＞プロパティの ▽ をクリックし、

❸ 設定したい変更（ここでは＜太字＞）をクリックします。

❹ 変更が反映されます。

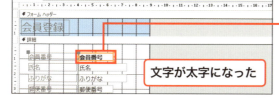

文字が太字になった

COLUMN

テーブルのフィールドプロパティについて

フォームの基になっているテーブルでフィールドのフィールドプロパティを指定し、そのテーブルを基にフォームを作成すると、フォーム側にプロパティ情報が引き継がれます。たとえば、テーブルの＜郵便番号＞フィールドで＜住所入力支援＞プロパティを指定し、そのテーブルを基にフォームを作成すると、フォームの「郵便番号」のテキストボックスにも設定が反映されています。

197

第 4 章　もっと便利に！フォーム 即効テクニック

SECTION 130 設定

動作するボタンを配置する

フォーム上に、フォームやレポートを操作したりデータベースファイルを操作するボタンを作成します。ここでは、ウィザード画面を使用してボタンを作成します。ウィザード画面の中でボタンの動きやボタンに表示する文字などを指定できます。

≫ コントロールウィザードのオン／オフを確認する

コントロールウィザードのオン／オフを確認します。

① フォームをデザインビューかレイアウトビューで開いて、

② ＜フォームデザインツール＞の＜デザイン＞タブで＜その他＞をクリックします。

設定が変更された

③ ＜コントロールウィザードの使用＞がオフのときは、＜コントロールウィザードの使用＞のボタンが白く表示されています。

④ ＜コントロールウィザードの使用＞の項目をクリックすると、オンとオフが切り替わります。

⑤ ＜コントロールウィザードの使用＞がオンになっているときは、アイコンに色が付いて選択された状態になっています。

≫ フォームにボタンを配置する

フォームを閉じる機能を持ったボタンを配置します。

❶ フォームをデザインビューで開き、＜フォームデザインツール＞の＜デザイン＞タブで＜ボタン＞をクリックします。このときコントロールウィザードはオンにしておきます。

❷ 配置する箇所を斜めにドラッグします。

MEMO コントロールウィザード

ボタンを追加する際、＜コントロールウィザードの使用＞をオンにしておくと、「コマンドボタンウィザード」画面が表示されます。ここでは、ウィザード画面でボタンの動作を指定します。

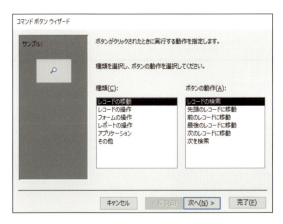

❸ ＜コマンドボタンウィザード＞が表示されます。

MEMO オン／オフを確認する

＜コントロールウィザード＞がオンになっていると、一部のコントロールを配置するときにウィザード画面が表示されます。ウィザード画面を利用する場合は＜コントロールウィザード＞をオン、利用しない場合はオフにしておきましょう。

COLUMN

ボタンの機能について

コマンドボタンは、クリックして何かの操作を実行できるようにするときに使用されます。「コマンドボタンウィザード」画面を使用すると、クリック時の操作を選択したり、マクロを割り当てて利用したりできます。

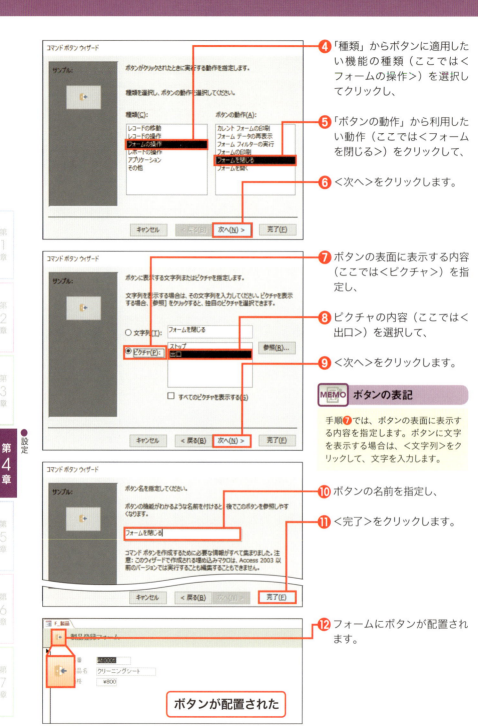

❹ 「種類」からボタンに適用したい機能の種類（ここでは＜フォームの操作＞）を選択してクリックし、

❺ 「ボタンの動作」から利用したい動作（ここでは＜フォームを閉じる＞）をクリックして、

❻ ＜次へ＞をクリックします。

❼ ボタンの表面に表示する内容（ここでは＜ピクチャ＞）を指定し、

❽ ピクチャの内容（ここでは＜出口＞）を選択して、

❾ ＜次へ＞をクリックします。

MEMO ボタンの表記

手順❼では、ボタンの表面に表示する内容を指定します。ボタンに文字を表示する場合は、＜文字列＞をクリックして、文字を入力します。

❿ ボタンの名前を指定し、

⓫ ＜完了＞をクリックします。

⓬ フォームにボタンが配置されます。

ボタンが配置された

ボタンを利用する

① フォームビューでボタンをクリックします。

MEMO 動作を確認する

ボタンの動作を確認する場合は、一度フォームを上書き保存してから改めてフォームをフォームビューで開きます。

機能が実行された

② ボタンの機能が実行され、フォームが閉じます。

MEMO ボタンの編集

ボタンのサイズや色などを変更するには、フォームをレイアウトビューやデザインビューで開いてボタンを選択して操作します。なお、ボタンの動作を変更するにはマクロを表示して編集します（COLUMN参照）。

COLUMN

マクロが指定される

＜コマンドボタンウィザード＞を使用してボタンを配置すると、クリック時にマクロ（P.294参照）が実行されます。マクロの内容は、ボタンのプロパティで確認できます。プロパティシートを表示（P.196参照）し、＜イベント＞タブの＜クリック時＞の […] をクリックすると、マクロの内容が表示されます。

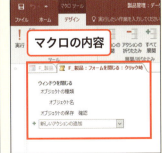

マクロの内容

第 4 章 もっと便利に！フォーム 即効テクニック

SECTION 131 設定

フィールド間で演算をする

クエリを利用するとフィールド間の計算ができますが、フォームでも同様にコントロールを使用して計算結果を表示できます。計算結果の表示には、テキストボックスなどを配置して利用し、計算式を指定します。

≫ サブフォームに演算コントロールを配置する

サブフォームに＜価格＞×＜数量＞の演算結果を表示します。

❶ サブフォームをデザインビューで開いて、

❷ ＜フォームデザインツール＞の＜デザイン＞タブで＜テキストボックス＞をクリックし、

❸ コントロールを配置する箇所をクリックします。

❹ ラベル内にカーソルを移動し、

❺ ラベルに表示する文字を入力します。

❻ テキストボックスをクリックし、

❼ プロパティシートを表示し（P.196 参照）、

❽ ＜データ＞タブの＜コントロールソース＞プロパティをクリックして、

❾ 計算式（ここでは「=[価格]*[数量]」）を入力します。

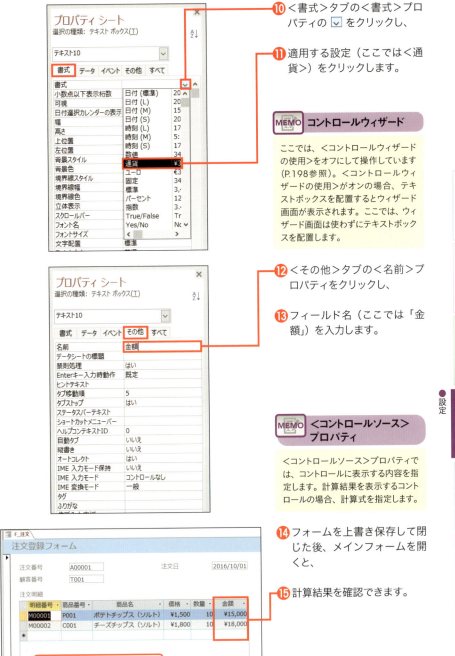

⑩ <書式>タブの<書式>プロパティの ▼ をクリックし、

⑪ 適用する設定（ここでは<通貨>）をクリックします。

MEMO コントロールウィザード

ここでは、<コントロールウィザードの使用>をオフにして操作しています（P.198参照）。<コントロールウィザードの使用>がオンの場合、テキストボックスを配置するとウィザード画面が表示されます。ここでは、ウィザード画面は使わずにテキストボックスを配置します。

⑫ <その他>タブの<名前>プロパティをクリックし、

⑬ フィールド名（ここでは「金額」）を入力します。

MEMO <コントロールソース>プロパティ

<コントロールソース>プロパティでは、コントロールに表示する内容を指定します。計算結果を表示するコントロールの場合、計算式を指定します。

⑭ フォームを上書き保存して閉じた後、メインフォームを開くと、

⑮ 計算結果を確認できます。

第 4 章 もっと便利に！フォーム 即効テクニック

SECTION 132 設定
ほかのフォームの値を参照する

演算コントロールをフォームフッターに配置すると、詳細セクションのレコードの値の合計を求められます。ここでは、メインフォーム側にサブフォームへ配置したコントロールの値を参照して表示するコントロールを作成します。

≫ 合計を求めるコントロールを配置する

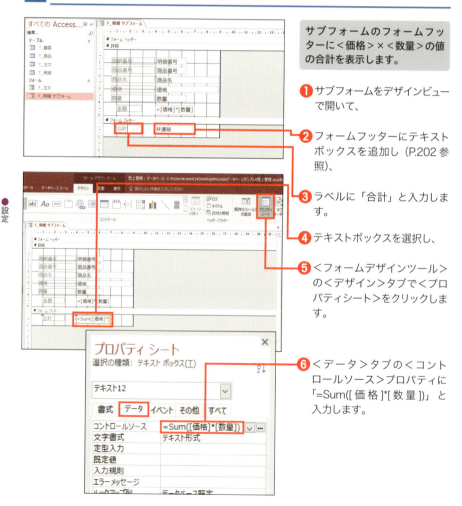

サブフォームのフォームフッターに＜価格＞×＜数量＞の値の合計を表示します。

❶ サブフォームをデザインビューで開いて、

❷ フォームフッターにテキストボックスを追加し（P.202参照）、

❸ ラベルに「合計」と入力します。

❹ テキストボックスを選択し、

❺ ＜フォームデザインツール＞の＜デザイン＞タブで＜プロパティシート＞をクリックします。

❻ ＜データ＞タブの＜コントロールソース＞プロパティに「=Sum([価格]*[数量])」と入力します。

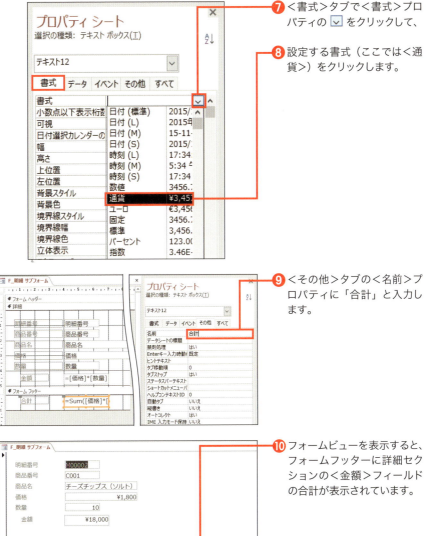

❼ <書式>タブで<書式>プロパティの をクリックして、

❽ 設定する書式（ここでは<通貨>）をクリックします。

❾ <その他>タブの<名前>プロパティに「合計」と入力します。

❿ フォームビューを表示すると、フォームフッターに詳細セクションの<金額>フィールドの合計が表示されています。

MEMO　フォームフッターの表示

メインフォーム側でサブフォームをデータシート形式で表示すると、サブフォームのフッターは表示されません。ここで配置したコントロールの値を参照するコントロールをメインフォーム側に作成すると、メインフォームに注文ごとの売上明細金額の合計を表示できます（P.206参照）。

別のフォームの値を参照する

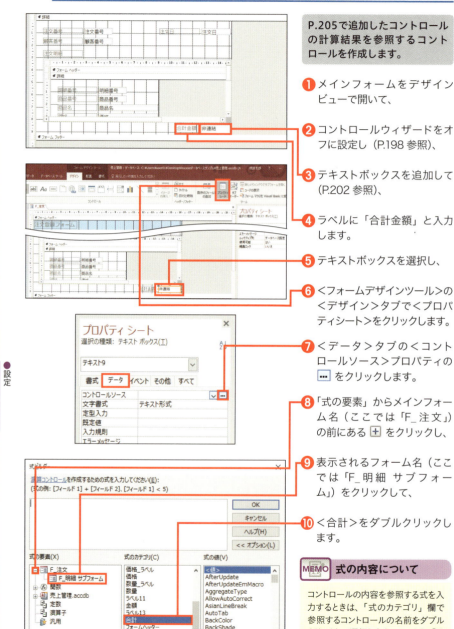

P.205で追加したコントロールの計算結果を参照するコントロールを作成します。

1. メインフォームをデザインビューで開いて、
2. コントロールウィザードをオフに設定し（P.198参照）、
3. テキストボックスを追加して（P.202参照）、
4. ラベルに「合計金額」と入力します。
5. テキストボックスを選択し、
6. ＜フォームデザインツール＞の＜デザイン＞タブで＜プロパティシート＞をクリックします。
7. ＜データ＞タブの＜コントロールソース＞プロパティの … をクリックします。
8. 「式の要素」からメインフォーム名（ここでは「F_注文」）の前にある ⊞ をクリックし、
9. 表示されるフォーム名（ここでは「F_明細 サブフォーム」）をクリックして、
10. ＜合計＞をダブルクリックします。

MEMO 式の内容について

コントロールの内容を参照する式を入力するときは、「式のカテゴリ」欄で参照するコントロールの名前をダブルクリックして選択します。このとき、「式の値」を選択する必要はありません。

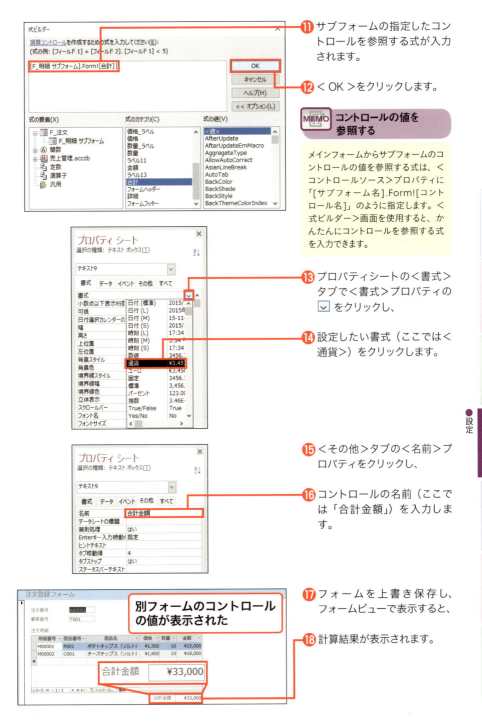

⓫ サブフォームの指定したコントロールを参照する式が入力されます。

⓬ ＜OK＞をクリックします。

MEMO コントロールの値を参照する

メインフォームからサブフォームのコントロールの値を参照する式は、＜コントロールソース＞プロパティに「[サブフォーム名].Form![コントロール名]」のように指定します。＜式ビルダー＞画面を使用すると、かんたんにコントロールを参照する式を入力できます。

⓭ プロパティシートの＜書式＞タブで＜書式＞プロパティの をクリックし、

⓮ 設定したい書式（ここでは＜通貨＞）をクリックします。

⓯ ＜その他＞タブの＜名前＞プロパティをクリックし、

⓰ コントロールの名前（ここでは「合計金額」）を入力します。

⓱ フォームを上書き保存し、フォームビューで表示すると、

⓲ 計算結果が表示されます。

SECTION 133 設定

第 4 章　もっと便利に！フォーム 即効テクニック

一覧から選択してデータ入力できるようにする

フォームからレコードを入力するとき、コントロールによっては、入力内容が数種類に限られる場合があります。入力時の表記ゆれなどを防ぐには、コンボボックスやリストボックスを使用して、入力候補の中から入力するデータを選択できるようにします。

≫ コンボボックスを追加する

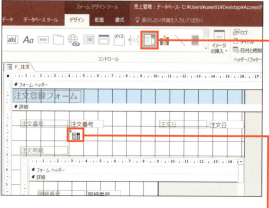

メインフォームにコンボボックスを追加します。

❶ フォームをデザインビューで開いて、

❷ ＜コントロールウィザードの使用＞をオンに設定し（P.198参照）、

❸ ＜フォームデザインツール＞の＜デザイン＞タブで＜コンボボックス＞をクリックして、

❹ コンボボックスを配置する場所をクリックします。

❺ ＜コンボボックスの値を別のテーブルまたはクエリから取得する＞が選択されていることを確認し、

❻ ＜次へ＞をクリックします。

MEMO　顧客番号を入力する

ここでは、注文内容を入力するフォームで、注文した顧客の顧客番号を入力するコンボボックスを作成します。すでに「T_注文」テーブルの＜顧客番号＞フィールドを入力するテキストボックスが配置されている場合は、テキストボックスを削除してコンボボックスを追加します。

208

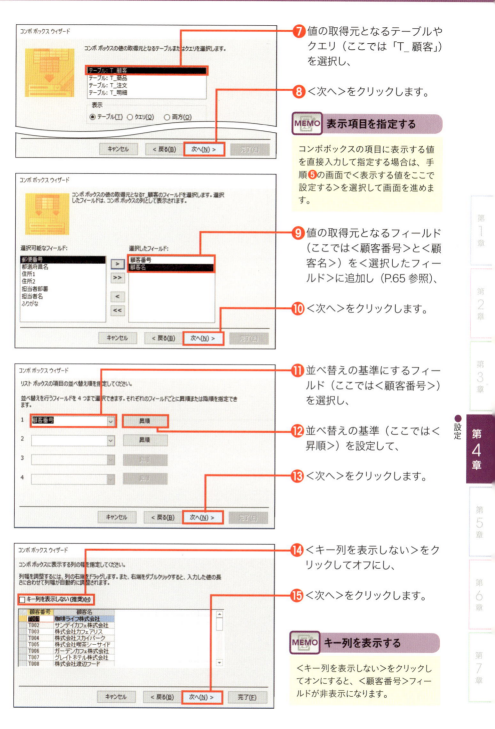

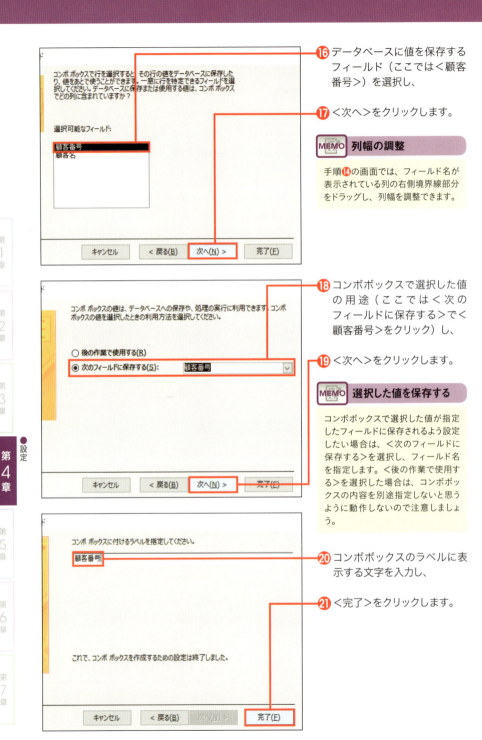

㉒ コントロールが配置されます。

㉓ 作成したコンボボックスの ▽ をクリックすると、

㉔ 選択肢が一覧で表示されます。

㉕ 選択肢から入力したい値（ここでは＜T002＞）をクリックすると、値が入力されます。

MEMO 列幅を変更する

コンボボックスに表示する項目の列幅やリスト幅は、自由に変更できます（P.212参照）。

COLUMN

商品番号を選択する

サブフォームの＜商品番号＞フィールドの内容を一覧から選択させたい場合は、サブフォームをデザインビューで開き、コンボボックスを追加します。下の図は、ウィザード画面で「T_商品」テーブルの＜商品番号＞フィールドと＜商品名＞フィールドを選択し、＜商品番号＞フィールドの値が「T_明細」テーブルの＜商品番号＞フィールドに入力されるように指定しています。なお、コントロールをあとから追加すると、フォームをフォームビューで表示したときに、文字カーソルが移動する順番が変わったり、列の配置が変更されたりします。その場合は、P.216の方法でカーソルの移動順を指定します。

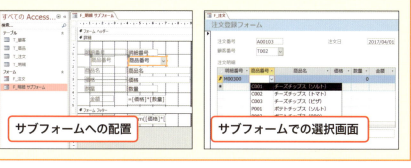

≫ コンボボックスのプロパティを設定する

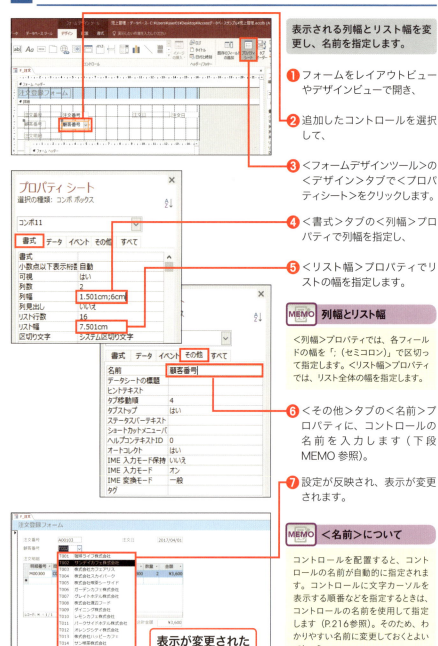

表示される列幅とリスト幅を変更し、名前を指定します。

❶ フォームをレイアウトビューやデザインビューで開き、

❷ 追加したコントロールを選択して、

❸ <フォームデザインツール>の<デザイン>タブで<プロパティシート>をクリックします。

❹ <書式>タブの<列幅>プロパティで列幅を指定し、

❺ <リスト幅>プロパティでリストの幅を指定します。

MEMO 列幅とリスト幅

<列幅>プロパティでは、各フィールドの幅を「;(セミコロン)」で区切って指定します。<リスト幅>プロパティでは、リスト全体の幅を指定します。

❻ <その他>タブの<名前>プロパティに、コントロールの名前を入力します(下段MEMO参照)。

❼ 設定が反映され、表示が変更されます。

MEMO <名前>について

コントロールを配置すると、コントロールの名前が自動的に指定されます。コントロールに文字カーソルを表示する順番などを指定するときは、コントロールの名前を使用して指定します(P.216参照)。そのため、わかりやすい名前に変更しておくとよいでしょう。

COLUMN

リストボックスを配置する

コンボボックスと似たようなコントロールに、リストボックスがあります。リストボックスは、入力候補や入力値を示す項目をリストの一覧に表示するタイプのコントロールです。リストボックスも、コンボボックスと同様の方法で配置できます。

P.208手順❸で＜フォームデザインツール＞の＜デザイン＞タブで＜その他＞をクリックし、＜リストボックス＞を選択します。このときコントロールウィザードはオンの状態にしておきます（P.198参照）。

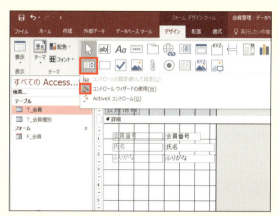

リストボックスを配置する箇所をクリックすると、＜リストボックスウィザード＞が表示されます。
＜コンボボックスウィザード＞に表示される内容と同じような内容が表示されるので、リストに表示する内容を指定します。

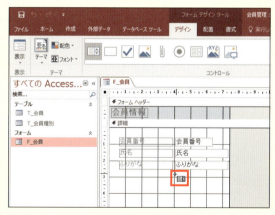

リストボックスでは、選択できる項目のリストが開かれた状態で表示されます。

213

SECTION 134 設定

第4章 もっと便利に！フォーム 即効テクニック

コントロールを選択できないようにする

データの入力や編集をしないコントロールは、誤ってデータを入力してしまうことがないように、コントロールを選択できないようにしておきましょう。計算結果など、自動的にデータが表示されるコントロールに設定するとよいでしょう。

≫ カーソルが移動しないようにする

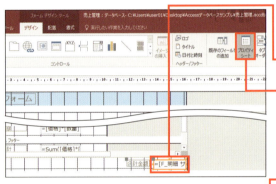

① フォームをデザインビューやレイアウトビューで開いて、

② コントロールを選択し、

③ <フォームデザインツール>の<デザイン>タブで<プロパティシート>をクリックします。

④ <その他>タブの<タブストップ>プロパティの ▼ をクリックし、

⑤ <いいえ>をクリックします。

MEMO データの編集について

コントロールの<タブストップ>プロパティを<いいえ>にすると、Tabキーで文字カーソルを移動するとき（P.178参照）、そのコントロールには文字カーソルが移動しなくなります。このとき、コントロールをマウスでクリックすると、文字カーソルが表示され、フィールドの値を編集することもできますが、計算結果が表示されるコントロールの場合は、データを修正することはできません。

⑥ Tab キーを押しても、コントロールにカーソルが移動しなくなります。

214

選択や編集ができないようにする

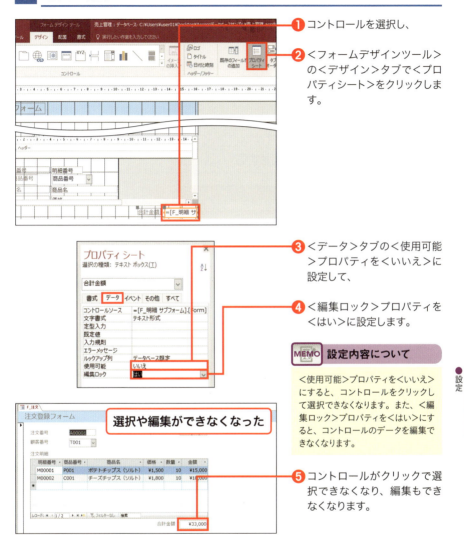

① コントロールを選択し、

② <フォームデザインツール>の<デザイン>タブで<プロパティシート>をクリックします。

③ <データ>タブの<使用可能>プロパティを<いいえ>に設定して、

④ <編集ロック>プロパティを<はい>に設定します。

MEMO 設定内容について

<使用可能>プロパティを<いいえ>にすると、コントロールをクリックして選択できなくなります。また、<編集ロック>プロパティを<はい>にすると、コントロールのデータを編集できなくなります。

⑤ コントロールがクリックで選択できなくなり、編集もできなくなります。

COLUMN

サブフォームのコントロールのプロパティを指定する

サブフォーム側のフィールドでも<タブストップ><使用可能><編集ロック>プロパティを指定できます。サブフォームで設定対象のコントロールを選択し、メインフォームと同様にプロパティシートで設定します。

215

SECTION 135 設定

入力時のカーソル移動順を設定する

フォームでレコードを入力するとき、Tabキーを押すと、文字カーソルがコントロール間を移動します。しかし、コントロールをあとから配置したりすると文字カーソルの移動順が思うようにならない場合があります。その場合は、移動順を指定します。

» カーソルの移動順を指定する

❶ フォームをデザインビューで開いて、

❷ フォームセレクタをクリックし、

❸ <フォームデザインツール>の<デザイン>タブで<タブオーダー>をクリックします。

❹ 順番を変更するセクション（ここでは<詳細>）をクリックし、

❺ 順番を変更するコントロール（ここでは<顧客番号>）のセレクターをクリックします。

MEMO 自動設定について

<タブオーダー>画面で<自動>をクリックすると、上から順に、または左から順にコントロールのタブオーダーが指定されます。

❻ セレクターをドラッグして移動先を指定します。

MEMO まとめて変更する

手順❺で複数のフィールドのフィールドセレクターを選択して上下にドラッグすると、移動順をまとめて変更できます。

❼ 並び順が変更されます。この順番が Tab キーを押したときの文字カーソルの移動順になります。

MEMO タブストップ

ここでは＜合計金額＞にタブストップ（P.214参照）が設定されているため、「タブオーダー」画面に表示されていても移動はできません。

❽ ＜ OK ＞をクリックします。

MEMO 移動順について

「タブオーダー」画面では、Tab キーを押したときに文字カーソルを移動する順番に沿って、上から順番にフィールドを並べます。

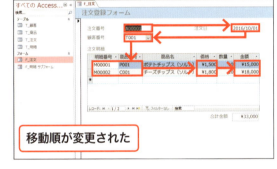

移動順が変更された

❾ Tab キーや Shift ＋ Tab キーを押すと、設定したとおりに移動することが確認できます。

MEMO サブフォームの移動順を指定する

サブフォーム側でカーソルの移動順を指定するには、サブフォームのフォームセレクタをクリックして手順❸以降の操作を行います。

COLUMN

＜タブ移動順＞プロパティで指定する

＜タブ移動順＞プロパティで、Tab キーを押したときの文字カーソルの移動順を指定する場合は、文字カーソルを最初に表示するコントロールの＜タブ移動順＞プロパティを「0」、次に表示するコントロールの＜タブ移動順＞プロパティを「1」といったように、移動順に沿って0から順に番号を指定します。

217

SECTION 136 設定

第4章 もっと便利に！フォーム 即効テクニック

条件付き書式を設定する

条件に一致するデータを強調表示するなど、コントロールには条件付き書式を設定することができます。なお、条件付き書式は複数指定でき、複数のルールを指定したときは上にあるルールの優先順位が高くなります。優先順位は変更することもできます。

条件付き書式を指定する

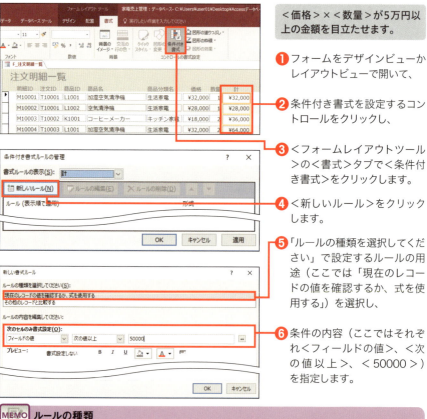

＜価格＞×＜数量＞が5万円以上の金額を目立たせます。

❶ フォームをデザインビューかレイアウトビューで開いて、

❷ 条件付き書式を設定するコントロールをクリックし、

❸ ＜フォームレイアウトツール＞の＜書式＞タブで＜条件付き書式＞をクリックします。

❹ ＜新しいルール＞をクリックします。

❺ 「ルールの種類を選択してください」で設定するルールの用途（ここでは「現在のレコードの値を確認するか、式を使用する」）を選択し、

❻ 条件の内容（ここではそれぞれ＜フィールドの値＞、＜次の値以上＞、＜50000＞）を指定します。

MEMO ルールの種類

ルールの種類を選択する箇所で、＜現在のレコードの値を確認するか、式を使用する＞を選択すると、フィールドの値の大きさや式を指定して条件を指定できます。＜その他のレコードと比較する＞を選択すると、値の大きさを色付きのバーの長さで表す書式などを指定できます。

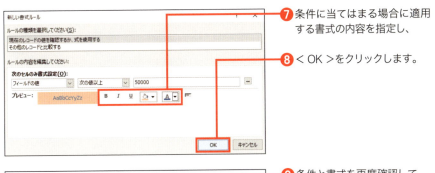

❼ 条件に当てはまる場合に適用する書式の内容を指定し、

❽ ＜OK＞をクリックします。

❾ 条件と書式を再度確認して、

❿ ＜OK＞をクリックします。

> **MEMO 複数のルールを指定する**
>
> 手順❾で再度＜新しいルール＞をクリックすると、複数のルールを指定できます。追加したあとに、ルールを選択して▲▼をクリックすると優先順位を変更できます。

⓫ 条件が反映されます。

条件付き書式が設定された

> **MEMO ルールを編集する**
>
> 条件付き書式のルールを編集するには、手順❾の画面で編集するルールを選択し、＜ルールの編集＞をクリックします。また、ルールを削除するには、ルールを選択して＜ルールの削除＞をクリックします。

● 設定

COLUMN

ルールの指定例

手順❻の画面で、＜次のセルのみ書式設定＞で＜式＞を選択すると、「あるフィールドの値が○○以上の場合」などの式を作成してルールを指定できます。また、＜フォーカスのあるフィールド＞を選択すると、現在選択中のコントロールを強調表示したりできます。

COLUMN

フォームで利用できる さまざまなコントロール

フォームには、さまざまなコントロールを配置できます。例として、フォームに表示するフィールドの数が多い場合は、タブコントロールというコントロールを利用し、フィールドを分類して表示させると便利です。

タブコントロール

クリックで表示が切り替わる

また、フィールドの値を表示する際は、フィールドのデータ型によって、追加されるコントロールが異なります。たとえば、＜Yes／No＞型のフィールドを配置すると、チェックボックスのコントロールが配置され、クリックしてオンとオフを切り替えられるようになります。なお、フィールドのデータ型によって、コントロールの種類を変更できます（＜Yes／No＞型の場合は＜トグルボタン＞など）。ただし、コントロールの種類を変更すると、データが見づらくなることもあるので注意しましょう。

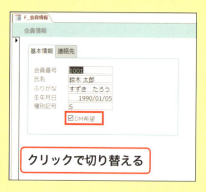

クリックで切り替える

種類の変更

第 5 章

細部までこだわる！
レポート
活用テクニック

SECTION 137 レポートを作成する

第5章 細部までこだわる！レポート活用テクニック

作成

テーブルやクエリのレコードを指定したレイアウトで印刷するには、レポートというオブジェクトを利用します。レポートを作成する方法は複数あります。レポートウィザードを使用すると、基のテーブルやクエリ、表示するフィールドなどを選択しながら作成できます。

» レポートについて

レポートを作成すると、テーブルやクエリのレコードを見やすいようにレイアウトして綺麗に印刷できます。フィールドを縦に並べて用紙1枚にレコードの詳細を印刷するもの、フィールドを横に並べてレコードの一覧を印刷するもの、宛名ラベルに宛名を印刷するものなど必要に応じて複数のレポートを作成しておきましょう。レポートを開くと、レポートの基のテーブルなどにデータの問い合わせが行われ、最新のレコードが表示されます。

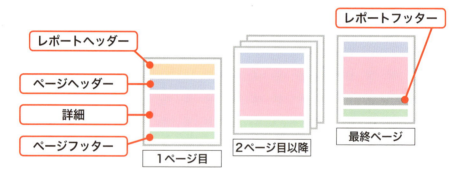

COLUMN

レポートのセクション

レポートを作成すると、複数のセクションが表示されます。セクションには、＜レポートヘッダー＞＜ページヘッダー＞＜詳細＞＜レポートフッター＞＜ページフッター＞などがあります。たとえば、すべてのページの下余白にページ番号を表示するには、＜ページフッター＞にページ番号を配置します。

セクション名	位置
レポートヘッダー	レポートの1ページ目の先頭
ページヘッダー	各ページの上部
詳細	レコードの内容が印刷されるところ
レポートフッター	最後のページの詳細セクションのあと
ページフッター	各ページの下部

レポートを作成する

「T_会員」テーブルを基に表形式のレポートを作成します。

 ナビゲーションウィンドウからレポートの基になるテーブルやクエリ（ここでは「T_会員」）をクリックし、

 ＜作成＞タブの＜レポート＞をクリックします。

MEMO ビューによる違い

＜レポートデザインツール＞および＜レポートレイアウトツール＞はそれぞれ利用しているビューに合わせて表示されますが、プロパティシートなど一部の機能はどちらでも利用できます。本書では画面に表記を合わせています。

レポートが作成された

③ 表形式のレポートが作成され、レイアウトビューで開きます。

MEMO レポートの保存

作成したレポートは、テーブルやフォームなどと同じように保存できます（P.226参照）。

COLUMN

レポートの種類について

レポートには、印刷時のレイアウトなどによって次のような種類があります。

種類	内容
単票形式のレポート	レコードのフィールドを縦に並べた形式
表形式のレポート	レコードのフィールドを横に並べた形式
メイン／サブレポート	メインのレポートに表示されるレコードの関連データをサブレポートに表示する形式
グループ化レポート	グループごとにレコードをまとめた形式。グループごとに数値を集計することもできる
宛名ラベル	宛名ラベルシートに宛名を印刷する形式

≫ レポートウィザードでレポートを作成する

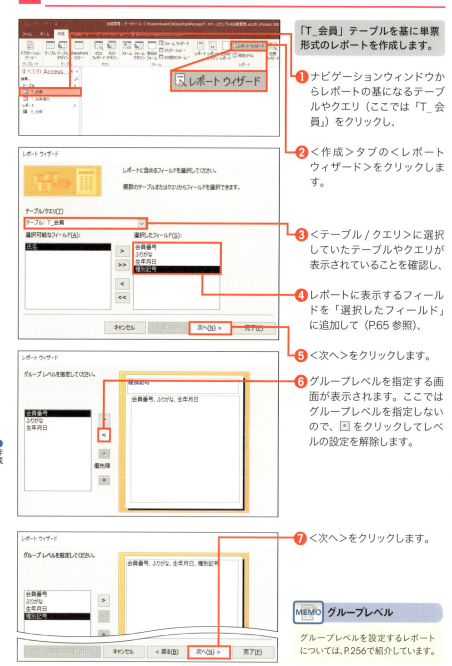

「T_会員」テーブルを基に単票形式のレポートを作成します。

❶ ナビゲーションウィンドウからレポートの基になるテーブルやクエリ（ここでは「T_会員」）をクリックし、

❷ ＜作成＞タブの＜レポートウィザード＞をクリックします。

❸ ＜テーブル/クエリ＞に選択していたテーブルやクエリが表示されていることを確認し、

❹ レポートに表示するフィールドを「選択したフィールド」に追加して（P.65参照）、

❺ ＜次へ＞をクリックします。

❻ グループレベルを指定する画面が表示されます。ここではグループレベルを指定しないので、< をクリックしてレベルの設定を解除します。

❼ ＜次へ＞をクリックします。

MEMO グループレベル

グループレベルを設定するレポートについては、P.256で紹介しています。

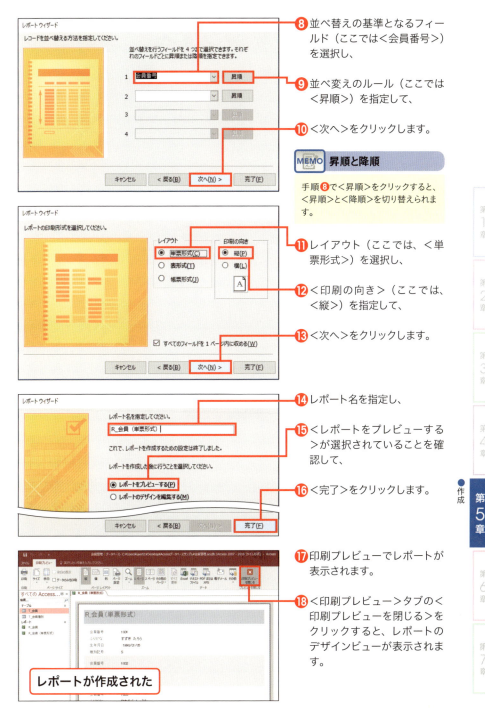

SECTION 138 作成

レポートを保存する

作成中のレポートを上書き保存します。一度も保存していない場合は、レポートに名前を付けて保存します。なお、保存したレポートを開くと、レポートの基のテーブルなどにデータを問い合わせが行われ、最新レコードが表示されます。

≫ レポートを保存する

❶ レポートを作成し（P.222参照）、

❷ クイックアクセスツールバーの＜上書き保存＞ 🖫 をクリックします。

❸ レポート名（ここでは「R_顧客一覧」）を入力し、

❹ ＜OK＞をクリックします。

❺ レポートが保存され、ナビゲーションウィンドウに表示されます。

MEMO 上書き保存

レポートをすでに保存してある場合、「名前を付けて保存」ウィンドウは表示されず、自動で上書き保存されます。

COLUMN

レポートのビュー

レポートには、次のようなビューがあります。＜ホーム＞タブの＜表示＞をクリックすると、レポートビューとレイアウトビューが切り替わります。＜表示＞の下の▼をクリックすると、ほかのビューに切り替えられます。

ビュー	内容
レポートビュー	テーブルやクエリのレコードを表示する
印刷プレビュー	印刷イメージを表示しレポートを印刷する
レイアウトビュー	データの内容を表示したままレポートの配置を変更するなどの操作を行う
デザインビュー	レポートの構造を指定する

第 5 章 細部までこだわる！レポート活用テクニック

SECTION
139
デザイン

ラベルの文字を変更する

レポートをレポートウィザードなどで作成すると、レポートヘッダーにラベルが配置されてレポートのタイトルが自動的に表示されます。タイトル文字は、あとから変更できます。タイトルが表示されていない場合は、ラベルを追加します（P.195参照）。

ラベルの文字を変更する

❶ レポートをレイアウトビューやデザインビューで開いて、

❷ ラベル内を間隔を空けて2回クリックします。

MEMO タイトルの追加

タイトルが表示されていない場合は、＜レポートレイアウトツール＞の＜デザイン＞タブの＜タイトル＞をクリックすると、追加できます。

❸ 修正内容を入力し、

❹ ラベル以外の場所をクリックします。

MEMO 改行する

ラベル内で改行するには、Ctrlキーまたは Shift キーを押しながら Enter キーを押します。

❺ ラベルが修正されます。

MEMO コントロールの選択

コントロールをサイズの変更や移動のため選択する場合は、コントロールの外枠をクリックします（P.186参照）。

227

SECTION 140 デザイン

第 5 章 細部までこだわる！レポート活用テクニック

コントロールに書式を設定する

コントロールの文字の大きさや色を変更して文字を強調します。レイアウトビューやデザインビューで変更した設定内容は、プロパティの設定に反映されます。コントロールを選択し、プロパティシートで設定を変更することもできます。

》 文字の色を変更する

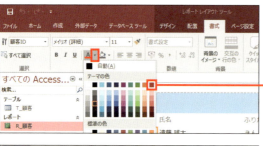

❶ レポートをレイアウトビューやデザインビューで開いて、

❷ 書式を変更するコントロールを選択し、

❸ ＜レポートデザインツール＞の＜書式＞タブで＜フォントの色＞の▼をクリックして、設定したい色（ここでは＜赤＞）をクリックします。

❹ 文字がクリックした色に変更されます。

❺ 手順❸で＜フォントサイズ＞の▼をクリックすると、文字の大きさを選択できます。また、＜フォント＞の▼をクリックするとフォントを選択できます。

MEMO フォントサイズとコントロール

フォントやフォントサイズを変更したりすると、コントロールに文字が収まらず文字が隠れてしまうことがあります。その場合は、コントロールの大きさを調整します（P.229参照）。また、レイアウトビューでラベルの外枠をダブルクリックすると、フォントサイズに合わせてコントロールの大きさが自動的に調整されます。

第 5 章 細部までこだわる！レポート活用テクニック

SECTION 141 デザイン
コントロールのサイズを変更する

レポートのデザインビューやレイアウトビューでコントロールの大きさを変更します。レイアウトビューではデータの内容が表示されるので、文字の長さに合わせて確認しながらコントロールの大きさを調整できます。

≫ コントロールのサイズを変更する

❶ レポートをレイアウトビューで開いて、

❷ サイズを変更するコントロールを選択し、

❸ コントロールの外枠にマウスポインターを移動します。

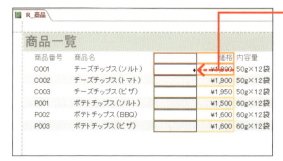

❹ 指定する大きさまでドラッグします。

MEMO コントロールの高さ

コントロールの高さを変更する場合は、コントロールの上下の外枠部分にマウスポインターを移動して上下にドラッグします。

❺ コントロールが指定したサイズに変更されます。

MEMO レイアウトの解除

コントロールにグループ化されたレイアウトが設定されている場合は、複数のコントロールの大きさがまとめて変更されます。個々の大きさを変更するには、レイアウトの設定を解除します（P.189参照）。

SECTION 142 デザイン

コントロールを移動する

レポートのコントロールの配置を変更し、レポートのレイアウトを整えます。なお、コントロールがグループ化されている場合、個々のコントロールの配置を変更するには、グループ化を解除してから操作します（P.189参照）。

≫ コントロールを移動する

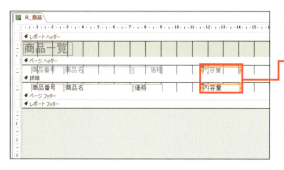

❶ レポートをレイアウトビューやデザインビューで開いて、

❷ 移動するコントロールを選択します。

MEMO ドラッグ位置
コントロールの角などをドラッグすると、コントロールは移動せずサイズが変わります。

❸ コントロールの外枠を移動先に向かってドラッグします。

MEMO 個別に移動する
単票形式のレポートなどで一部のコントロールを移動すると、ラベルも一緒に動きます。個別に動かすには、コントロール左上の大きなハンドルをドラッグします。

❹ 指定した場所にコントロールが移動します。レポートビューに切り替えると、表示内容を確認できます。

MEMO 矢印キーの利用
コントロールを選択した状態で矢印キーを押すと、コントロールを少しずつ移動できます。

SECTION 143 デザイン

コントロールを削除する

不要なコントロールを削除します。ここでは、データを表示するコントロールを削除します。なお、レポートウィザードなどでレポートを作成すると、ページ番号などを表示するコントロールが自動的に追加されます。不要な場合は、同様の方法で削除できます。

≫ コントロールを削除する

❶ レポートをレイアウトビューやデザインビューで開いて、

❷ 削除するコントロールを選択します。

MEMO 複数削除する

複数のコントロールをまとめて削除したい場合は、Ctrlキーを押しながら削除したいコントロールを選択してから操作します。

❸ Deleteキーを押すか、<ホーム>タブの<削除>をクリックします。

❹ コントロールが削除されました。

MEMO ラベルだけ削除する

フィールドの値が表示されるテキストボックスなどを削除すると、フィールド名を示すラベルも削除されます。ラベルだけを削除するには、ラベルを選択して削除します。

231

SECTION 144 デザイン

第 5 章 細部までこだわる!レポート活用テクニック

コントロールを追加する

レポートの基になっているテーブルやクエリのフィールドからデータを表示するコントロールを追加するには、基のテーブルやクエリのフィールドリストを表示します。一覧から追加するフィールドをドラッグするだけで、かんたんに配置できます。

≫ フィールドを追加する

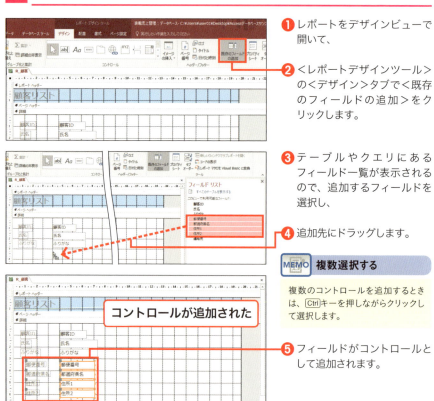

❶ レポートをデザインビューで開いて、

❷ <レポートデザインツール>の<デザイン>タブで<既存のフィールドの追加>をクリックします。

❸ テーブルやクエリにあるフィールド一覧が表示されるので、追加するフィールドを選択し、

❹ 追加先にドラッグします。

MEMO 複数選択する

複数のコントロールを追加するときは、Ctrlキーを押しながらクリックして選択します。

❺ フィールドがコントロールとして追加されます。

MEMO ほかのテーブルやクエリから追加する

リレーションシップが設定されているほかのテーブルやクエリのフィールドの値を参照して表示したりするには、<フィールドリスト>の<すべてのテーブルを表示する>をクリックします。ほかのテーブルのフィールドが表示されたら、追加するフィールドをレポートにドラッグします。

第 5 章　細部までこだわる！レポート活用テクニック

SECTION 145 デザイン

レポート全体の幅を調整する

ほかのレポートにサブレポートとしてレポートを埋め込む場合などは、レポートの横幅を狭くすると用紙内にデータをうまく収められます。レポートをデザインビューで開いて幅を調整すると、レポートの<幅>プロパティに設定が反映されます。

レポートの横幅を指定する

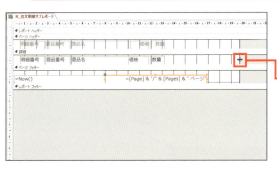

❶ レポート（ここでは「R_注文明細サブレポート」）をデザインビューで開いて、

❷ 右側の境界部分にマウスポインターを移動します。

MEMO　コントロールを移動する

レポートの右端にコントロールがある場合は、レポートの幅を変更できません。あらかじめコントロールを移動して幅を変更できるようにします。

❸ マウスポインターの表示が変わったら、左右にドラッグして幅を指定します。

MEMO　セクションの高さ

セクションの高さを変更するには、セクションの下境界線部分をドラッグします（P.184参照）。

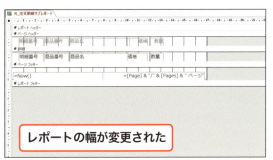

レポートの幅が変更された

❹ レポートが指定した幅に変更されました。

MEMO　<幅>プロパティ

ここで指定した内容は、レポートの<幅>プロパティに反映されます。

233

第 5 章 細部までこだわる！レポート活用テクニック

SECTION 146 デザイン
レポート全体のデザインを変更する

デザインのテーマを選択すると、レポートヘッダーの背景の色や文字のフォントの組み合わせなど全体のデザインが変わります。テーマを変更すると、ほかのフォームやレポートのデザインも合わせて変更されますので注意しましょう。

≫ テーマを選択する

❶ レポートをレイアウトビューやデザインビューで開いて、

❷ ＜レポートレイアウトツール＞の＜デザイン＞タブで＜テーマ＞をクリックします。

MEMO 配色やフォントの変更

手順❷で＜配色＞や＜フォント＞をクリックすると、配色だけ、フォントだけの変更ができます。

❸ 表示される一覧から設定したいテーマにマウスポインターを移動し、プレビューを確認してクリックします。

テーマが変更された

❹ テーマが適用され、全体のデザインが変わります。

MEMO テーマ変更後の修正

テーマを変更すると、文字のフォントが変更されて、文字が隠れてしまうことがあります。その場合は、コントロールの大きさを広げて調整しましょう。

MEMO 余白の調整

コントロールを選択し、＜レポートレイアウトツール＞の＜配置＞タブの＜余白の調整＞をクリックすると、コントロールと文字の間の余白を調整できます。グループ化されたコントロールで隣接するコントロールとの距離を調整する場合は、＜配置＞タブの＜スペースの調整＞をクリックして指定します。

SECTION 147 デザイン

ヘッダーに色を付ける

第5章 細部までこだわる！レポート活用テクニック

レポートは、＜レポートヘッダー＞＜ページヘッダー＞＜詳細＞などのセクションに分かれています（P.222参照）。セクション全体の背景色などを変更するには、セクション全体を選択してから設定を行う必要があります。

≫ セクションの背景色を指定する

❶ レポートをデザインビューで開いて、

❷ ページヘッダーのセクションバーをクリックします。

MEMO セクションの表示

セクションが表示されていない場合は、レポート背景の何もないところを右クリックして表示するセクションを選択します。

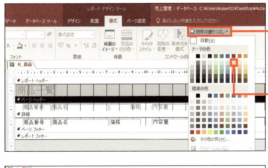

❸ ＜レポートデザインツール＞の＜書式＞タブで＜図形の塗りつぶし＞をクリックし、

❹ 設定する色をクリックします。

ヘッダーに色がついた

❺ ページヘッダーの色が変わります。レポートビューに切り替えると、表示イメージを確認できます。

MEMO 背景色

セクションの背景色は、＜ホーム＞タブの＜背景色＞で指定することもできます。＜背景色＞を変更すると＜図形の塗りつぶし＞の色も変わります。

SECTION 148 デザイン

レポートに画像を挿入する

第5章 細部までこだわる！レポート活用テクニック

レポートには、イメージのコントロールを使用して図や写真などの画像ファイルを表示できます。画像を追加する方法は複数ありますが、ここで紹介する操作方法で追加すると、同じ画像をほかのレポートなどにもかんたんに追加できます。

画像を挿入する

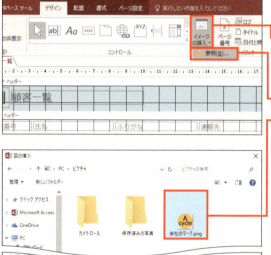

❶ レポートをデザインビューで開いて、

❷ ＜レポートデザインツール＞の＜デザイン＞タブで＜イメージの挿入＞をクリックし、

❸ ＜参照＞をクリックします。

❹ 挿入する画像ファイルを選択し、

❺ ＜ OK ＞をクリックします。

MEMO ロゴを追加する

＜レポートデザインツール＞の＜デザイン＞タブで＜ロゴ＞をクリックし、画像を選択して＜開く＞をクリックすると、レポートヘッダーのロゴを変更できます。また、ロゴが表示されていない場合はロゴを追加することもできます。

❻ マウスポインターが の形に変化したことを確認して、

❼ 画像を挿入する場所をドラッグすると、画像が挿入されて表示されます。

MEMO 背景の透明化

追加したイメージのコントロールを選択して、コントロールの＜背景スタイル＞プロパティを＜透明＞に指定すると、画像の背景が透明になります。

第 5 章 細部までこだわる！レポート活用テクニック

SECTION 149 デザイン
レポートに罫線を引く

レポートに罫線を引くには、コントロールの一覧から＜直線＞を選択してレポートに線を引く方法があります。詳細セクションに水平方向に線を引くと、レコードを区切る線などを引けます。引いた線には、あとから書式を設定できます。

≫ 罫線を作成する

各レコードの間を罫線で区切ります。

❶ レポートをデザインビューで開いて、

❷ ＜レポートデザインツール＞の＜デザイン＞タブで＜その他＞ ▽ →＜直線＞の順にクリックします。

❸ Shift キーを押しながら線を引きたい箇所をドラッグします。

MEMO Shift キー

Shift キーを押しながらドラッグすると、水平や垂直にまっすぐ線を引けます。

❹ レポートをレポートビューに変更すると（P.226参照）、レポートに直線が引かれたことが確認できます。

MEMO 枠線の種類

罫線の種類や太さなどは、罫線を選択し、＜レポートレイアウトツール＞の＜書式＞タブの＜図形の枠線＞をクリックして表示される＜線の太さ＞や＜線の種類＞で指定できます。

237

第 5 章 細部までこだわる！レポート活用テクニック

SECTION 150 デザイン
ページ番号を表示する

レポートを印刷するとき、複数ページになる場合は、用紙の下や上の余白にページ番号を入れて印刷するとよいでしょう。なお、レポートウィザードなどでレポートを作成した場合などは、ページ番号が自動で表示されます。

≫ レポートにページ番号を追加する

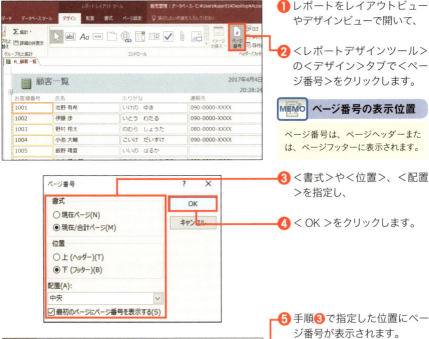

❶ レポートをレイアウトビューやデザインビューで開いて、

❷ ＜レポートデザインツール＞の＜デザイン＞タブで＜ページ番号＞をクリックします。

MEMO ページ番号の表示位置
ページ番号は、ページヘッダーまたは、ページフッターに表示されます。

❸ ＜書式＞や＜位置＞、＜配置＞を指定し、

❹ ＜OK＞をクリックします。

❺ 手順❸で指定した位置にページ番号が表示されます。

MEMO 日時の表示
＜レポートレイアウトツール＞の＜デザイン＞タブの＜日付と時刻＞をクリックすると、日付や時刻を表示するコントロールを追加する画面が開きます。表示内容を指定して＜OK＞をクリックすると、レポートヘッダーに日付や時刻が表示されます。

SECTION 151 デザイン

第5章 細部までこだわる！レポート活用テクニック

ヘッダーやフッターを削除する

レポートヘッダーやページヘッダーなどが不要な場合は、それらのセクションの領域が表示されないように指定できます。また、セクションの大きさを変更することもできます。いずれも、セクションの下境界線部分をドラッグして調整します。

ヘッダーやフッターを削除する

レポートヘッダーの領域を削除します。

1. レポートをデザインビューで開いて、
2. レポートヘッダーにあるコントロールを削除し（P.231参照）、
3. 下の境界線部分をドラッグして領域をなくします。

MEMO ＜高さ＞プロパティ

デザインビューで領域の大きさを指定すると、セクションの＜高さ＞プロパティが変わります。変更後の値は、プロパティシートで確認できます。

4. 領域がなくなります。
5. レポートビューに切り替えると、実際に領域が削除されたことが確認できます。

COLUMN セクションを非表示にする

ページヘッダー／フッター、レポートヘッダー／フッターの領域をまとめて削除するには、レポートの空いているところを右クリックして＜ページヘッダー／フッター＞や＜レポートヘッダー／フッター＞をクリックします。なお、削除するセクションにコントロールがある場合は、コントロールも削除されます。

239

第 5 章 細部までこだわる！レポート活用テクニック

SECTION 152 設定
プロパティシートを利用する

レポートやレポートのセクションやコントロールのさまざまな設定を変更するには、プロパティシートを使用します。レポートのレイアウトビューやデザインビューで設定を変更した場合も、プロパティシートに設定内容が反映されます。

≫ プロパティシートで設定を変更する

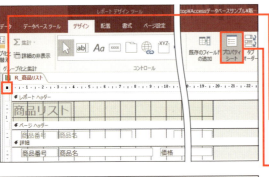

プロパティシートからレポートの＜既定のビュー＞プロパティを変更します。

❶ レポートをレイアウトビューやデザインビューで開き、

❷ レポートセレクタをクリックして、

❸ ＜レポートデザインツール＞の＜デザイン＞タブで＜プロパティシート＞をクリックします。

❹ プロパティシートに＜レポート＞と表示されていることを確認し、

❺ ＜書式＞タブの＜既定のビュー＞の ▼ をクリックし、

❻ ＜印刷プレビュー＞をクリックして、

既定のビューが設定された

❼ レポートを上書き保存して閉じます。

❽ ナビゲーションウィンドウのレポートをダブルクリックして開くと、最初に印刷プレビュー表示で開かれます。

≫ プロパティシートで書式の設定をする

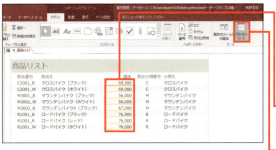

コントロールの<書式>プロパティを変更します。

❶ レポートをレイアウトビューやデザインビューで開き、

❷ 設定を変更するコントロールをクリックして、

❸ <レポートデザインツール>の<デザイン>タブで<プロパティシート>をクリックします。

❹ <書式>タブの<書式>の ☑ をクリックし、

❺ <通貨>をクリックします。

MEMO 設定対象の指定

プロパティシートで設定を変更するときは、設定対象のコントロールなどを選択します。プロパティシートの上に表示される名前を確認し、異なる名前が表示されている場合は、設定対象のコントロールなどをクリックするか、☑をクリックして設定対象のコントロールなどを選択します。

❻ 数値の表示形式が変更されました。

📎 COLUMN

<可視>プロパティ

コントロールやセクションの<可視>プロパティを<いいえ>にすると、印刷プレビューやレポートビューなどでコントロールやセクションが非表示になります。

第 5 章　細部までこだわる！レポート活用テクニック

SECTION
153
設定

折り返しを設定する

データがコントロールの幅に収まらないと、入力されている文字が途中で隠れてしまいます。文字をコントロールの幅で折り返してすべて表示されるようにするには、コントロールの＜印刷時拡張＞プロパティで設定を行います。

≫ ＜印刷時拡張＞プロパティを設定する

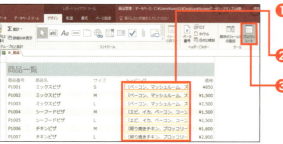

❶ レポートをレイアウトビューやデザインビューで開いて、

❷ コントロールをクリックし、

❸ ＜レポートレイアウトツール＞の＜デザイン＞タブで＜プロパティシート＞をクリックします。

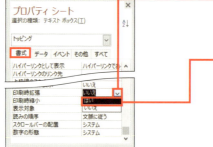

❹ ＜書式＞タブの＜印刷時拡張＞プロパティの ▼ をクリックし

❺ ＜はい＞をクリックします。

❻ データが折り返して表示されるようになります。このとき、コントロールの高さは自動調整されます。

MEMO　印刷プレビュー

レポートの印刷イメージを表示するには、印刷プレビューに切り替えます（P.251参照）。

データが折り返された

242

SECTION 154 設定

第 5 章 細部までこだわる！レポート活用テクニック

重複するデータを非表示にする

レコードの一覧を表示すると、レコードの順番や、並べ替え条件の設定などによって同じデータが並ぶことがあります。＜重複データ非表示＞プロパティを使用すると、前のレコードと同じデータを非表示にしてすっきり表示できます。

重複するデータを非表示にする

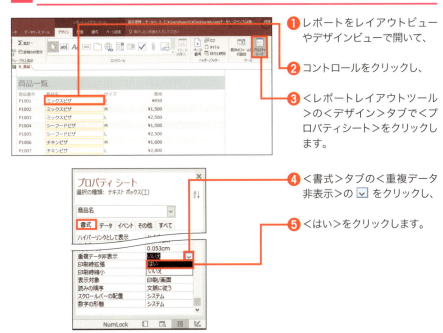

❶ レポートをレイアウトビューやデザインビューで開いて、

❷ コントロールをクリックし、

❸ ＜レポートレイアウトツール＞の＜デザイン＞タブで＜プロパティシート＞をクリックします。

❹ ＜書式＞タブの＜重複データ非表示＞の ☑ をクリックし、

❺ ＜はい＞をクリックします。

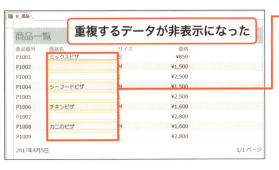

❻ フィールドの値が前のレコードと同じ場合は、データが非表示になります。

SECTION 155 設定

第 5 章 細部までこだわる！レポート活用テクニック

フィルターを設定する

条件に一致するレコードのみを抽出したレポートを作成するには、抽出用のクエリを作成してその結果からレポートを作成します。これはやや手間がかかる操作なので、一時的にレポートでデータを抽出する場合はフィルター機能を利用すると便利です。

▶ フィルター条件を設定する

フィルター条件で抽出された

種別記号が「S」の会員レコードを表示します。

① レポートをレポートビューやレイアウトビューで開き、

② フィルター条件を指定するコントロールを右クリックして、

③ 設定するフィルター条件（ここでは＜"S"に等しい＞）をクリックします。

MEMO ＜フィルター＞プロパティ

ここで設定したフィルター条件は、レポートの＜フィルター＞プロパティに反映されます。設定の確認や修正は、＜フィルター＞プロパティから行います。

④ フィルター条件に一致（ここでは、種別記号が「S」）するレコードが表示されました。

COLUMN

条件の詳細について

フィルター条件を設定するとき、＜○○のフィルター＞項目を選択すると、条件の指定方法を選択できます。なお、フィールドによって条件の指定方法は異なります。たとえば、日付が入力されているコントロールを右クリックし、＜日付フィルター＞をクリックすると、日付の範囲や、＜今月＞＜来年＞などの日付の抽出条件を指定できます。

244

≫ フィルターを実行する

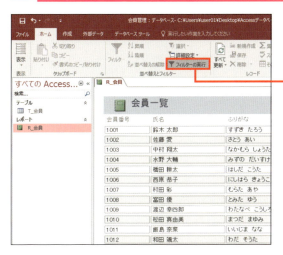

❶ フィルターが設定されているレポートをレポートビューやレイアウトビューで開き、

❷ ＜ホーム＞タブの＜フィルターの実行＞をクリックします。

MEMO 自動的に実行する

＜フィルターの実行＞をクリックすると、フィルターを実行するかどうか切り替えられます。レポートを開いたときにフィルターが自動的に実行されるようにするには、レポートの＜読み込み時にフィルターを適用＞プロパティで＜はい＞を設定します。

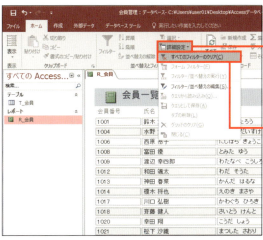

❸ フィルター条件に一致（ここでは、種別記号が「S」）するレコードが表示されます。

❹ ＜ホーム＞タブの＜詳細設定＞をクリックし、

❺ ＜すべてのフィルターのクリア＞をクリックします。

MEMO フィルターの実行

フィルターの実行中に＜フィルターの実行＞をクリックすると、フィルターが解除されますが、フィルター条件はレポートの＜フィルター＞プロパティに残ります。

❻ フィルター条件が削除されてすべてのレコードが表示されます。

第 5 章　細部までこだわる！レポート活用テクニック

SECTION 156 設定

レポートで演算を行う

レポートにフィールドの値を使用した計算結果を表示する場合は、コントロールを配置して計算式を指定します。計算式の内容は、フィールドの値を使用した計算以外にも、計算結果を利用した集計などいろいろな方法で指定できます。

≫ レコードごとに計算する

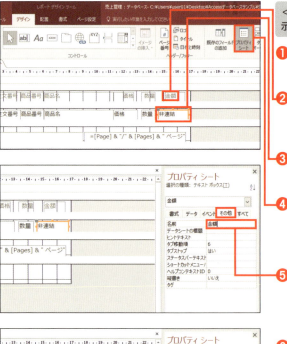

＜価格＞×＜数量＞の結果を表示します。

❶ レポートをデザインビューで開き、

❷ 計算結果を表示するためのテキストボックスとラベルを配置して文字を変更し、

❸ 配置したテキストボックスを再度選択して、

❹ ＜レポートデザインツール＞の＜デザイン＞タブで＜プロパティシート＞をクリックします。

❺ ＜その他＞タブの＜名前＞プロパティにコントロールの名前（ここでは「金額」）を入力します。

❻ ＜データ＞タブに移動し、

❼ ＜コントロールソース＞プロパティに計算式（ここでは「=[価格]*[数量]」）を入力します。

❽ ビューを変更すると、計算結果が表示されていることが確認できます。

レコードの値を集計する

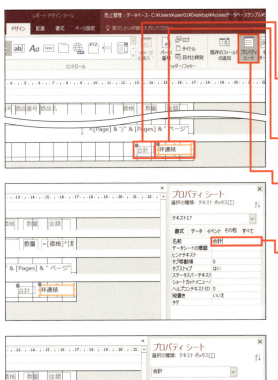

「金額」の値を足した結果を<合計>としてフッターに表示します。

1. レポートフッターにテキストボックスを配置（P.202参照）してラベルの文字を変更し、
2. 配置したテキストボックスを再度選択して、
3. <レポートデザインツール>の<デザイン>タブで<プロパティシート>をクリックします。
4. <その他>タブの<名前>プロパティにコントロールの名前（ここでは「合計」）を入力します。

MEMO レポートフッター

レポートフッターにテキストボックスを追加して計算式を指定すると、すべてのレコードの指定したフィールドの合計などを計算できます。

5. <コントロールソース>プロパティに計算式（ここでは「=Sum([価格]*[数量])」）を入力します。

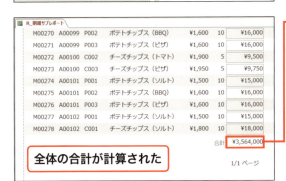

全体の合計が計算された

6. レポートをほかのビューで開くと、計算結果を確認できます。必要に応じてコントロールのサイズや位置を整えます。

MEMO 数値の書式

数値を通貨の書式で表示するには、<書式>プロパティを指定します（P.203参照）。

第 5 章　細部までこだわる！レポート活用テクニック

SECTION 157 設定

レポートに条件付き書式を設定する

フィールドに条件付き書式を設定すると、条件に合うデータを自動的に目立たせることができます。条件付き書式を設定するときは、条件と書式の内容を指定します。条件は、「フィールドの値が○○の場合」「値が○○以上」などさまざまな内容を指定できます。

≫ 条件付き書式を設定する

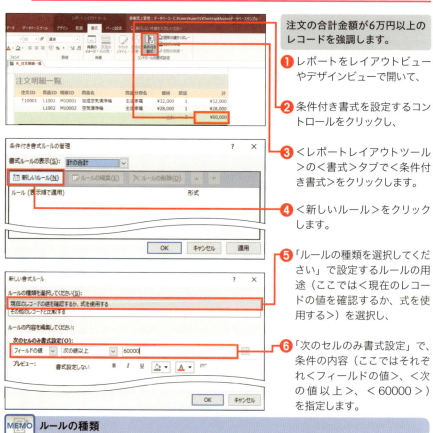

注文の合計金額が6万円以上のレコードを強調します。

1. レポートをレイアウトビューやデザインビューで開いて、
2. 条件付き書式を設定するコントロールをクリックし、
3. <レポートレイアウトツール>の<書式>タブで<条件付き書式>をクリックします。
4. <新しいルール>をクリックします。
5. 「ルールの種類を選択してください」で設定するルールの用途（ここでは<現在のレコードの値を確認するか、式を使用する>）を選択し、
6. 「次のセルのみ書式設定」で、条件の内容（ここではそれぞれ<フィールドの値>、<次の値以上>、<60000>）を指定します。

MEMO　ルールの種類

ルールの種類を選択する箇所で、<現在のレコードの値を確認するか、式を使用する>を選択すると、フィールドの値の大きさや式を指定して条件を指定できます。<その他のレコードと比較する>を選択すると、値の大きさを色付きのバーの長さで表す書式を指定できます。

7 条件に当てはまる場合に適用する書式の内容を指定し、

8 ＜OK＞をクリックします。

> **MEMO ルールの指定例**
>
> 手順6の画面で、＜次のセルのみ書式設定＞で＜式＞を選択すると、「あるフィールドの値が○○以上の場合」などの式を作成してルールを指定できます。

9 設定した条件と書式を確認して、

10 ＜OK＞をクリックします。

設定した条件が反映された

11 条件（ここでは＜計＞の値が6万円以上）に一致するデータが強調されます。

> **MEMO ルールの編集と削除**
>
> 設定したルールを選択して＜ルールの編集＞をクリックすると、書式や条件を変更できます。また、＜ルールの削除＞をクリックすると設定したルールを削除できます。

COLUMN

複数の条件を指定する

「条件付き書式ルールの管理」画面の＜新しいルール＞をクリックすると、条件付き書式に複数のルールを追加できます。複数のルールを指定すると、「条件付き書式ルールの管理」画面に一覧表示され、条件を選択して ▲ や ▼ をクリックすると優先度を変更できます。

249

SECTION 158 設定

レポートをPDF形式で保存する

第 5 章 細部までこだわる！レポート活用テクニック

レポートはPDF形式のファイルとして保存できます。保存時には、すべてのページを保存するか一部のページのみを保存するかなどの設定も可能です。PDF形式で保存したファイルは、ブラウザーやPDFビューワーなどのソフトで閲覧できます。

≫ PDF形式で保存する

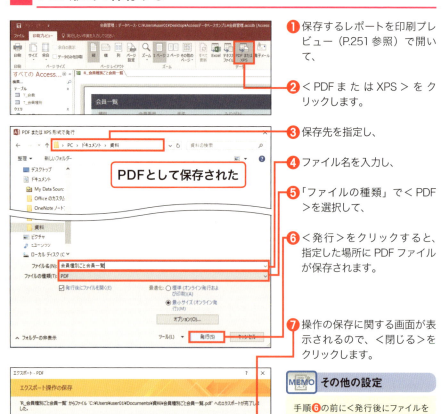

❶ 保存するレポートを印刷プレビュー（P.251参照）で開いて、

❷ ＜PDFまたはXPS＞をクリックします。

❸ 保存先を指定し、

❹ ファイル名を入力し、

❺ 「ファイルの種類」で＜PDF＞を選択して、

❻ ＜発行＞をクリックすると、指定した場所にPDFファイルが保存されます。

❼ 操作の保存に関する画面が表示されるので、＜閉じる＞をクリックします。

MEMO その他の設定

手順❻の前に＜発行後にファイルを開く＞にチェックを付けておくと、保存後にPDFファイルが自動的に開きます。また、＜オプション＞をクリックすると、指定したページをPDFファイルとして保存するなど、詳細設定を行う画面が表示されます。

第 5 章　細部までこだわる！レポート活用テクニック

SECTION 159 印刷

印刷プレビューを表示する

印刷イメージは、印刷プレビュー画面から確認できます。レポートビューを表示しているときは＜ホーム＞タブ、レイアウトビューやデザインビューを表示しているときは、＜ホーム＞タブや＜デザイン＞タブの＜表示＞から切り替えます。

印刷プレビューに切り替える

1 レポートを開いて、
2 ＜ホーム＞タブの＜表示＞の ▼ をクリックし、
3 ＜印刷プレビュー＞をクリックします。

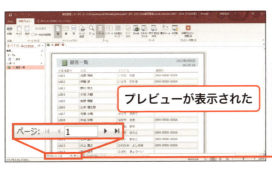

プレビューが表示された

4 印刷プレビューが表示されます。
5 画面下部の ▶ や ◀ などをクリックすると、表示するページを切り替えられます。

MEMO　別の方法で切り替える

レポートが開いていない場合は、ナビゲーションウィンドウのレポートを右クリックして＜印刷プレビュー＞をクリックします。また、画面下のステータスバーの右端に表示されているボタンの 🔍 をクリックして切り替えることもできます。

プレビューが終了した

6 ＜印刷プレビューを閉じる＞をクリックすると、もとの画面に戻ります。

251

第 5 章　細部までこだわる！レポート活用テクニック

SECTION
160
印刷

プレビューの表示を変更する

印刷プレビュー表示では、ズーム表示とページ全体の表示を切り替えて表示できます。印刷イメージの画面で画面をクリックするだけで、表示方法が交互に切り替わります。ズーム表示にするときは、ズームしたい箇所をクリックします。

ページの表示を変更する

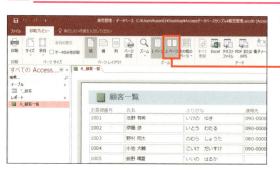

① レポートを印刷プレビューで開いて（P.251参照）、

② ＜2ページ＞をクリックします。

③ 複数のページがまとめて表示されます。

MEMO　その他のページ

手順②で＜その他のページ＞をクリックすると、1画面に表示するページ数を選択できます。

④ 1ページごとの表示に戻したいときは、＜1ページ＞をクリックします。

MEMO　ズームの切り替え

印刷イメージをクリックすると、複数ページ表示とズーム表示を交互に切り替えられます。

SECTION 161 印刷

第 5 章 細部までこだわる！レポート 活用テクニック

レポートを印刷する

完成したレポートを印刷するときは、印刷プレビュー画面から＜印刷＞画面を表示します。＜印刷＞画面では、印刷するページや部数などを指定でき、＜OK＞をクリックすると、印刷が実行されます。

≫ 印刷プレビューから印刷する

❶ 印刷するレポートを印刷プレビューで開いて（P.251参照）、

❷ ＜印刷＞をクリックします。

MEMO キーボードショートカット

Ctrl＋Pキーを押しても、＜印刷＞画面を表示できます。印刷プレビュー以外のビューが開いている場合でも、Ctrl＋Pキーで＜印刷＞画面を表示できます。

❸ ＜プリンター＞を確認し、

❹ 印刷部数を指定して、

❺ ＜OK＞をクリックすると、印刷が実行されます。

レポートが印刷された

MEMO ページを指定する

印刷するページを指定するには、＜開始＞と＜終了＞のページを指定します。

COLUMN

データのみ印刷する

＜印刷プレビュー＞タブの＜データのみを印刷＞をクリックすると、レコードの内容だけが印刷され、レポートのタイトルや罫線などは印刷されません。市販の罫線入りの用紙や伝票用紙などのレイアウトに合わせてデータだけを印刷する場合などに使用します。

253

SECTION 162 印刷

第5章 細部までこだわる！レポート 活用テクニック

印刷用紙の向きを変更する

表形式のレポートなどで、フィールドが用紙の幅に収まらない場合などは、用紙を横にすると用紙内に収まりやすくなります。用紙の向きを変更するとコントロールの配置が崩れてしまうこともあるので、変更後はコントロールのサイズを調整しましょう。

≫ 用紙の向きを横にする

❶ レポートを印刷プレビューで開いて、

❷ <横>をクリックします。

MEMO ほかのビューで操作する

<レポートレイアウトツール>の<ページ設定>タブからも同様の設定ができます。

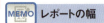

用紙の向きが変更された

❸ 用紙の向きが変わります。

MEMO レポートの幅

用紙の向きを変更したあとは、コントロールのサイズを調整して用紙の幅にコントロールが収まるように調整します。また、レポートの幅が用紙の幅を超えると白紙のページが印刷されてしまうため、レポートの幅を狭くします（P.233参照）。

COLUMN

複数列に分けて表示する

レポートを作成するとき、用紙の左側が大きく空く場合などは、各レコードを宛名ラベルのように複数列に並べて印刷することもできます。<印刷プレビュー>タブ（レイアウトプレビューやデザインビューでは<レポートレイアウトツール>の<ページ設定>タブ）の<列>をクリックして「ページ設定」画面を表示し、<列数>や<幅>を指定して<OK>をクリックすると、指定した列数が表示されます。また、1件目のレコードの横に2件目のレコードを印刷する場合は「印刷方向」の<上から下へ>を選択します。

第 5 章　細部までこだわる！レポート活用テクニック

SECTION 163 印刷

印刷用紙のサイズを変更する

印刷時の用紙サイズは、印刷プレビューの＜サイズ＞から選択して変更できます。なお、用紙サイズを変更すると、用紙内にデータが収まらなくなることもあります。変更後は、印刷プレビューを表示してレイアウトを確認しましょう。

≫ 用紙サイズを選択する

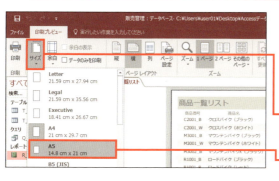

A4サイズのレポートをA5サイズに変更します。

❶ レポートを印刷プレビューで開いて、

❷ ＜印刷プレビュー＞タブの＜サイズ＞をクリックし、

❸ 変更する用紙のサイズ（ここでは＜A5＞）をクリックします。

用紙サイズが変更された

❹ 用紙サイズが変わります。

MEMO　変更後の確認

用紙サイズを小さくすると、変更前には1ページに収まっていた内容が複数ページにわかれてしまうことがあります。必要に応じてコントロールのサイズを変更して調整しましょう。

COLUMN

余白の変更

用紙の余白の大きさは、＜印刷プレビュー＞タブの＜余白＞から指定できます。レイアウトプレビューやデザインビューでは、＜レポートレイアウトツール＞の＜ページ設定＞タブの＜余白＞をクリックして指定します。

255

SECTION 164 応用

第5章 細部までこだわる！レポート活用テクニック

グループごとにデータをまとめたレポートを作成する

グループごとにデータをまとめて印刷するには、グループ化レポートを作成します。グループ化レポートでは、グループ化する基準のフィールドやグループ化の単位、グループごとに集計するかどうかなどを指定できます。

≫ グループ化レポートを作成する

<注文日>フィールドを基準に、月ごとの売上金額の合計を集計するレポートを作成します。

❶ ナビゲーションウィンドウからレポートの基になるテーブルやクエリ（ここでは「Q_注文一覧」）をクリックし、

❷ <作成>タブの<レポートウィザード>をクリックします。

❸ 「テーブル/クエリ」に選択していたテーブルやクエリが表示されていることを確認し、

❹ レポートに表示するフィールドを選択して（P.65参照）、

❺ <次へ>をクリックします。

MEMO 集計レポート

グループごとに各レコードのフィールドの値の集計結果を表示するレポートを「集計レポート」といいます。

❻ グループの基準に<お客様番号>フィールドが指定されてしまっているため、をクリックしてグループレベルの設定をなしにします。

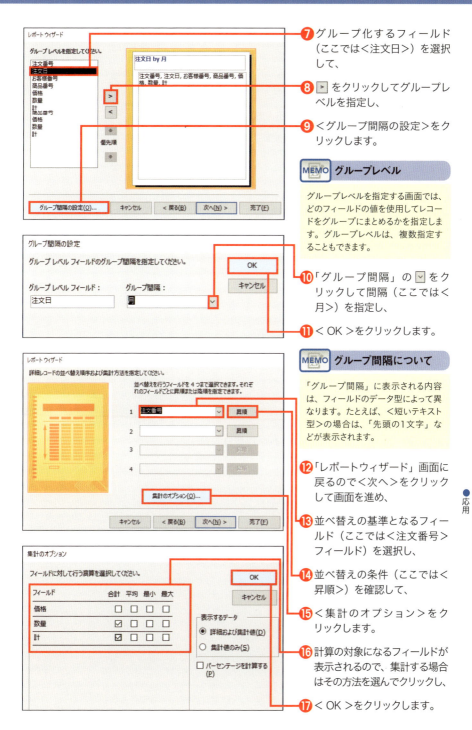

❼ グループ化するフィールド（ここでは＜注文日＞）を選択して、

❽ ＞ をクリックしてグループレベルを指定し、

❾ ＜グループ間隔の設定＞をクリックします。

MEMO グループレベル

グループレベルを指定する画面では、どのフィールドの値を使用してレコードをグループにまとめるかを指定します。グループレベルは、複数指定することもできます。

❿ 「グループ間隔」の ▼ をクリックして間隔（ここでは＜月＞）を指定し、

⓫ ＜OK＞をクリックします。

MEMO グループ間隔について

「グループ間隔」に表示される内容は、フィールドのデータ型によって異なります。たとえば、＜短いテキスト型＞の場合は、「先頭の1文字」などが表示されます。

⓬ 「レポートウィザード」画面に戻るので＜次へ＞をクリックして画面を進め、

⓭ 並べ替えの基準となるフィールド（ここでは＜注文番号＞フィールド）を選択し、

⓮ 並べ替えの条件（ここでは＜昇順＞）を確認して、

⓯ ＜集計のオプション＞をクリックします。

⓰ 計算の対象になるフィールドが表示されるので、集計する場合はその方法を選んでクリックし、

⓱ ＜OK＞をクリックします。

257

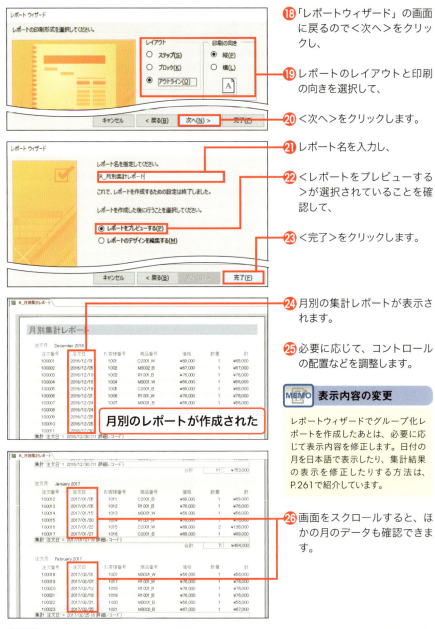

⓲「レポートウィザード」の画面に戻るので<次へ>をクリックし、

⓳レポートのレイアウトと印刷の向きを選択して、

⓴<次へ>をクリックします。

㉑レポート名を入力し、

㉒<レポートをプレビューする>が選択されていることを確認して、

㉓<完了>をクリックします。

㉔月別の集計レポートが表示されます。

㉕必要に応じて、コントロールの配置などを調整します。

MEMO 表示内容の変更

レポートウィザードでグループ化レポートを作成したあとは、必要に応じて表示内容を修正します。日付の月を日本語で表示したり、集計結果の表示を修正したりする方法は、P.261で紹介しています。

㉖画面をスクロールすると、ほかの月のデータも確認できます。

MEMO レイアウト

手順⓴でレイアウトを選択すると、グループ化するフィールドやフィールドの見出しの表示イメージが表示されます。多くの場合、<ブロック><ステップ><アウトラン>の順に、レポートが長くなります。

改ページ位置を指定する

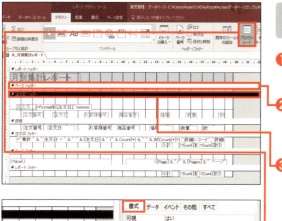

グループヘッダーの前で改ページするように指定します。

❶ レポートをデザインビューで開いて、

❷ ＜ページヘッダー＞の領域を少し広げて表示します（最下段MEMO参照）。

❸ 改ページする位置（ここではグループヘッダーの＜注文日ヘッダー＞）のセクションバーをクリックし、

❹ ＜レポートデザインツール＞の＜デザイン＞タブで＜プロパティシート＞をクリックします。

❺ ＜書式＞タブの＜改ページ＞プロパティの＜ ＞をクリックし、

❻ ＜カレントセクションの前＞を選択します。

MEMO セクションの追加

グループ化レポートを作成すると、グループヘッダーやグループヘッダーのセクションが表示されます。

改ページ位置が変更された

❼ レポートを印刷プレビューで開くと、改ページ位置が月ごとに変わっています。

MEMO 改ページ位置

ここでは、グループヘッダーのセクションの前で改ページされるように指定しました。この場合、ページヘッダーの領域がないと、レポートヘッダーだけが1ページ目に表示されて表紙のページになります。1ページ目にレポートヘッダーとひとつめのグループのレコードを表示する場合は、ページヘッダーの領域を少し広げておきましょう。また、グループフッターのセクションを選択して、＜改ページ＞プロパティを＜カレントセクションの後＞にしてもグループごと改ページできます。ただし、その場合は、＜レポートフッター＞に合計値などが表示されている場合、最終ページに合計値だけが表示されるので注意します。

第 5 章 細部までこだわる！レポート活用テクニック

SECTION 165 応用

グループの設定を変更する

グループ化レポート（P.256参照）をレポートウィザードで作成すると、グループ化するフィールドや並べ替え条件をウィザード画面で指定できます。グループ化対象のフィールドや並べ替えの条件は、あとから変更することもできます。

≫ 並べ替え条件を変更する

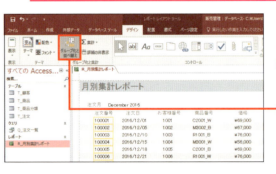

① レポートをレイアウトビューやデザインビューで開き、

② ＜レポートレイアウトツール＞の＜デザイン＞タブの＜グループ化と並べ替え＞をクリックします。

③ レポート下部にグループ化の基準や並べ替え条件の指定が表示されます。

MEMO 並べ替えの設定

レポートで並べ替えを設定する方法には、＜ホーム＞タブの＜昇順＞＜降順＞（「グループ化と並べ替え」画面）、レポートの＜並べ替え＞プロパティ、レポートの＜レコードソース＞プロパティなどがあります。複数の方法で並べ替え条件を指定した場合、「グループ化と並べ替え」画面の設定が最も優先され、次にレポートの＜並べ替え＞プロパティの設定が優先されます。

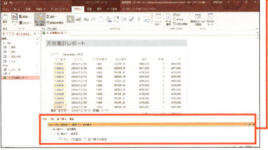

④ 編集する並べ替え条件（ここでは＜注文日＞）の ▼ をクリックし、

⑤ 設定する条件（ここでは＜商品番号＞）を選択します。

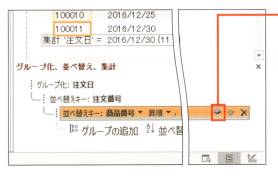

❻ 並べ替え条件の △ をクリックします。

> **MEMO 追加と削除**
>
> 「グループ化、並べ替え、集計」画面で<グループの追加>をクリックするとグループ化するフィールドを指定して追加でき、<並べ替えの追加>をクリックすると並べ替え条件を指定して追加できます。設定したグループレベルや並べ替え条件の指定を削除するには、削除する項目をクリックして右端の×をクリックします。

❼ 並べ替え条件の優先順位が変更されます。

COLUMN

グループヘッダー／フッターの内容を修正する

レポートウィザードでグループ化レポートを作成すると、グループヘッダーやグループフッターのセクションが追加されます。セクションにはグループ名や集計内容が表示されるコントロールなどが自動的に追加され、コントロールの内容はあとから変更できます。ここで使用したサンプルの場合、以下のように、注文月を表示するコントロールの<コントロールソース>プロパティを「=Format$([注文日],"yyyy年m月",0,0)」と修正すると、注文月が「2016年12月」のように日本語で表示されます。また、集計値を表示するコントロールの<コントロールソース>プロパティを変更し、表示されている「"'注文日' = " & " " & [注文日] &」をドラッグして Delete キーで削除すると、「'注文日' = 2016/12/30」などの表示が消えて見やすくなります。

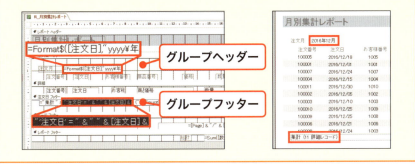

SECTION 166 応用

第 5 章 細部までこだわる！レポート活用テクニック

メイン／サブレポートを作成する

メイン／サブレポートを利用すると、メインのレポートに表示している内容に関するデータなどを、サブレポートに表示できます。一般的に、リレーションシップを設定した共通のフィールドを手掛かりに、ほかのテーブルにある関連データをサブレポートに表示します。

≫ メインレポートにサブレポートを埋め込む

注文内容を表示するメインレポートに、注文の明細データを表示するサブレポートを埋め込んでメイン／サブレポートを作成します。ここでは、メインレポート用に単票形式のレポートを利用します。レポートにはあらかじめ以下の調整をしておきます。

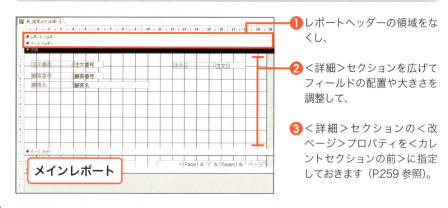

❶ レポートヘッダーの領域をなくし、

❷ ＜詳細＞セクションを広げてフィールドの配置や大きさを調整して、

❸ ＜詳細＞セクションの＜改ページ＞プロパティを＜カレントセクションの前＞に指定しておきます（P.259参照）。

サブレポートには、表形式のレポートを利用しています。レポートにはあらかじめ以下の調整をしておきます。

❶ レポートヘッダーの領域をなくし、

❷ 合計を計算するコントロールを配置して（P.202参照）、

❸ レポートの＜幅＞プロパティを変更して幅を狭くしておきます（P.233参照）。

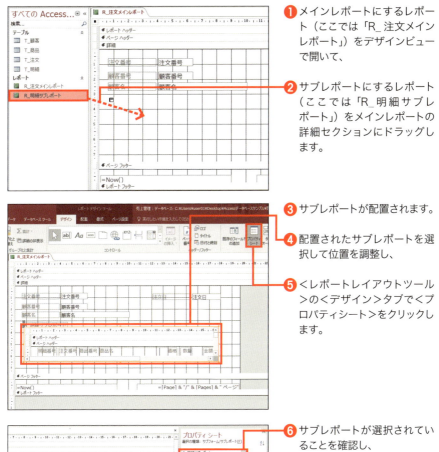

❶ メインレポートにするレポート（ここでは「R_注文メインレポート」）をデザインビューで開いて、

❷ サブレポートにするレポート（ここでは「R_明細サブレポート」）をメインレポートの詳細セクションにドラッグします。

❸ サブレポートが配置されます。

❹ 配置されたサブレポートを選択して位置を調整し、

❺ ＜レポートレイアウトツール＞の＜デザイン＞タブで＜プロパティシート＞をクリックします。

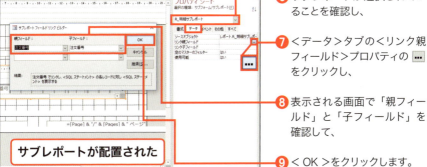

❻ サブレポートが選択されていることを確認し、

❼ ＜データ＞タブの＜リンク親フィールド＞プロパティの をクリックし、

❽ 表示される画面で「親フィールド」と「子フィールド」を確認して、

❾ ＜OK＞をクリックします。

> **MEMO リンク親フィールド**
>
> ＜リンク親フィールド＞プロパティでは、メインレポートとサブレポートをつなげるフィールドを指定できます。ここでは＜注文番号＞フィールドを利用し、データを参照して注文内容に関する関連データを表示します。

サブレポートを修正する

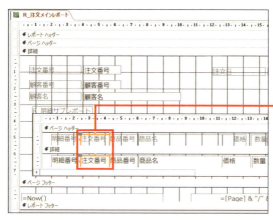

❶ サブレポート全体を選択してプロパティシートを表示し（P.240参照）、

❷ <書式>タブの<印刷時縮小>プロパティの ▼ をクリックして、

❸ <はい>を選択します。

> **MEMO** <印刷時縮小>プロパティ
>
> サブレポートの<印刷時縮小>プロパティを<はい>にすると、サブレポートのデータが少ないときに、サブフォームの高さが自動調整表示されます。

❹ サブレポートの高さなどを調整し、

❺ <注文番号>フィールドを削除して（MEMO参照）、

❻ フィールドの位置を調整します。

> **MEMO** 削除したフィールド
>
> <注文番号>フィールドを削除すると注文番号のデータは見えなくなりますが、メインレポートとの関連付けの設定は問題なく動作します。

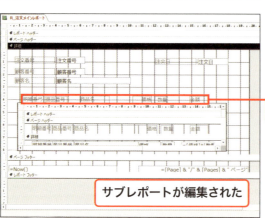

❼ サブレポートのラベルを削除し、

❽ 全体の配置を整えます（ここでは、サブレポートのページヘッダーのラベルをメインレポートの詳細セクションにコピーしています）。

サブレポートが編集された

» メイン／サブレポートのレコードを確認する

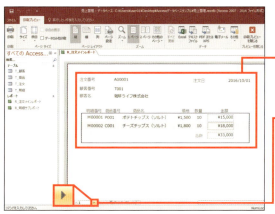

❶ メインレポートを印刷プレビューで表示し、

❷ 注文レコードと注文明細レコードが表示されることを確認して、

❸ <次のページ>をクリックします。

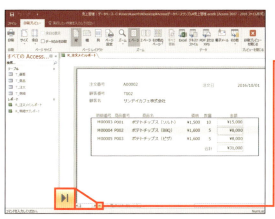

❹ 次の注文レコードと明細レコードが表示されます。

❺ <最後のページ>をクリックします。

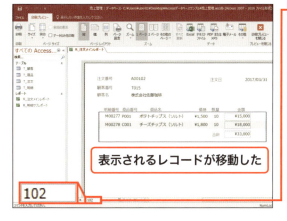

❻ 最後の注文レコードが表示されます。

MEMO 明細データの合計

レポートフッターにコントロールを追加してフィールドの集計結果を表示すると、全体の金額の合計が表示されます（P.247参照）。レポートをサブレポートとして表示すると、関連データの金額の合計が表示されます。

第 5 章 細部までこだわる！レポート 活用テクニック

SECTION 167 応用

レポートにグラフを挿入する

レポートにグラフを表示します。グラフを追加するときは、各レコードの値をグラフに示す方法と、テーブル全体の値を集計してグラフに示す方法があります。ここでは、各レコードの値をグラフ化して詳細セクションに配置します。

≫ グラフを追加する

筆記試験と実技試験の結果を示すグラフを作成します。

❶ レポートをデザインビューで開いて、

❷ ＜レポートデザインツール＞の＜デザイン＞タブで＜その他＞をクリックします。

❸ ＜グラフ＞をクリックします。

❹ グラフを配置する箇所をクリックします。

MEMO 配置する箇所

グラフを配置するとき、＜詳細＞セクションを斜めにドラッグすると、グラフの大きさを指定できます。

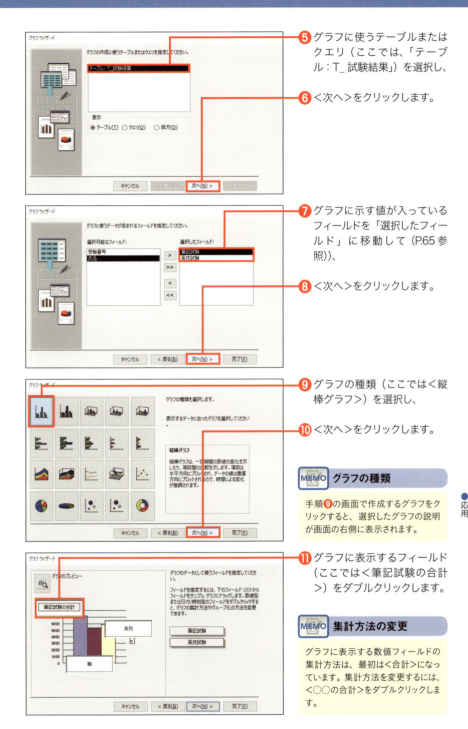

❺ グラフに使うテーブルまたはクエリ（ここでは、「テーブル：T_試験結果」）を選択し、

❻ ＜次へ＞をクリックします。

❼ グラフに示す値が入っているフィールドを「選択したフィールド」に移動して（P.65参照））、

❽ ＜次へ＞をクリックします。

❾ グラフの種類（ここでは＜縦棒グラフ＞）を選択し、

❿ ＜次へ＞をクリックします。

MEMO グラフの種類

手順❾の画面で作成するグラフをクリックすると、選択したグラフの説明が画面の右側に表示されます。

⓫ グラフに表示するフィールド（ここでは＜筆記試験の合計＞）をダブルクリックします。

MEMO 集計方法の変更

グラフに表示する数値フィールドの集計方法は、最初は＜合計＞になっています。集計方法を変更するには、＜○○の合計＞をダブルクリックします。

267

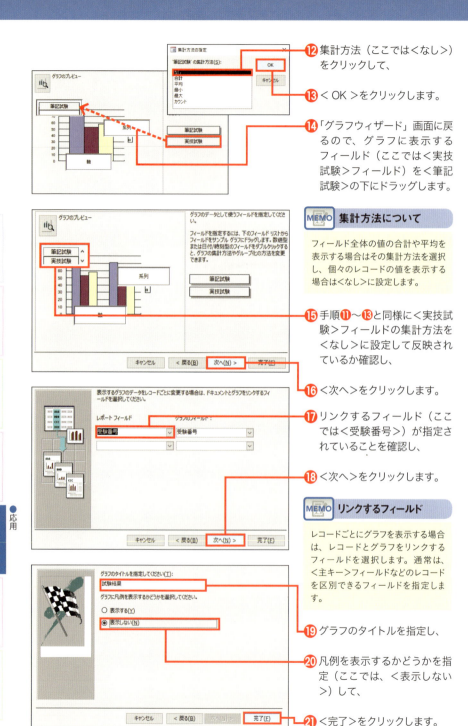

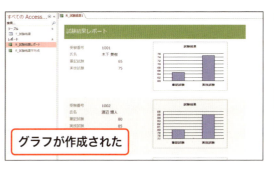

㉒ グラフが表示されます。

MEMO サンプルデータ

グラフ作成直後は、グラフの内容とは異なるサンプルデータが表示されることがあります。

グラフを編集する

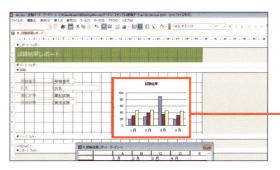

グラフの数値軸の最小値と最大値を指定します。

❶ グラフを追加したレポートをデザインビューで開いて、

❷ グラフをダブルクリックし、

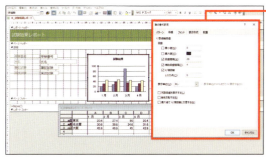

❸ 数値軸をダブルクリックします。

❹ <目盛>タブの<最小値><最大値>のチェックをオフにして最小値と最大値を指定し、

❺ <OK>をクリックします。

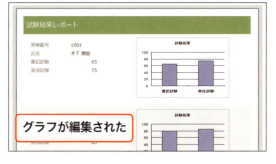

❻ レポートを印刷プレビューで開くと、グラフの編集が反映されて表示されます。

269

SECTION 168 特殊

第5章 細部までこだわる！レポート 活用テクニック

レポートで宛名ラベルを作成する

＜宛名ラベルウィザード＞を使用して、宛名ラベルに住所や氏名などの宛名を印刷するレポートを作成します。ウィザードの中でラベルの品番や印刷する内容などを指定するだけで、かんたんに宛名ラベル印刷用のレポートを作成できます。

≫ 宛名ラベルを作成する

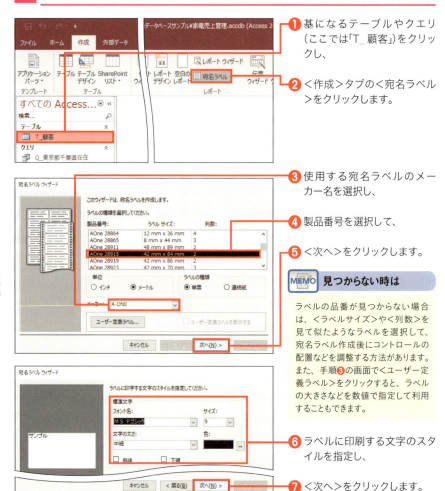

❶ 基になるテーブルやクエリ（ここでは「T_顧客」）をクリックし、

❷ ＜作成＞タブの＜宛名ラベル＞をクリックします。

❸ 使用する宛名ラベルのメーカー名を選択し、

❹ 製品番号を選択して、

❺ ＜次へ＞をクリックします。

MEMO 見つからない時は

ラベルの品番が見つからない場合は、＜ラベルサイズ＞や＜列数＞を見て似たようなラベルを選択して、宛名ラベル作成後にコントロールの配置などを調整する方法があります。また、手順❸の画面で＜ユーザー定義ラベル＞をクリックすると、ラベルの大きさなどを数値で指定して利用することもできます。

❻ ラベルに印刷する文字のスタイルを指定し、

❼ ＜次へ＞をクリックします。

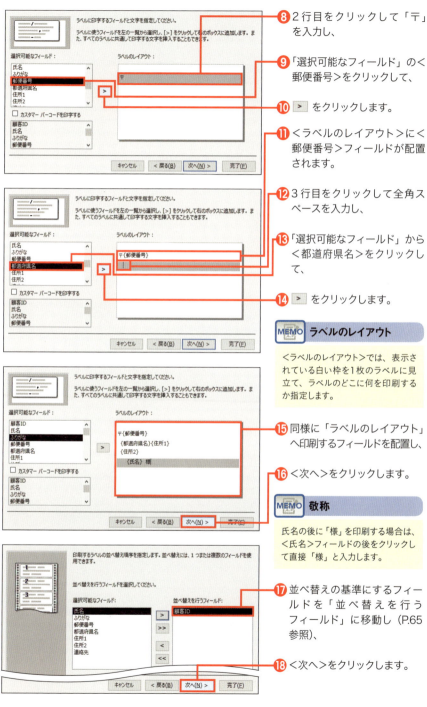

⑧ 2行目をクリックして「〒」を入力し、

⑨「選択可能なフィールド」の＜郵便番号＞をクリックして、

⑩ > をクリックします。

⑪ ＜ラベルのレイアウト＞に＜郵便番号＞フィールドが配置されます。

⑫ 3行目をクリックして全角スペースを入力し、

⑬「選択可能なフィールド」から＜都道府県名＞をクリックして、

⑭ > をクリックします。

MEMO ラベルのレイアウト

＜ラベルのレイアウト＞では、表示されている白い枠を1枚のラベルに見立て、ラベルのどこに何を印刷するか指定します。

⑮ 同様に「ラベルのレイアウト」へ印刷するフィールドを配置し、

⑯ ＜次へ＞をクリックします。

MEMO 敬称

氏名の後に「様」を印刷する場合は、＜氏名＞フィールドの後をクリックして直接「様」と入力します。

⑰ 並べ替えの基準にするフィールドを「並べ替えを行うフィールド」に移動し（P.65参照）、

⑱ ＜次へ＞をクリックします。

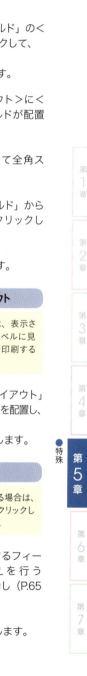

271

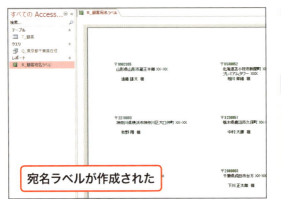

⑲ レポート名を指定し、

⑳ ＜ラベルのプレビューを見る＞が選択されていることを確認して、

㉑ ＜完了＞をクリックします。

㉒ 作成されたラベルが表示されます。

宛名ラベルが作成された

MEMO ラベルの印刷

ラベルを印刷する際は、宛名ラベルシートの用紙をプリンターにセットして、P.253の方法で印刷を行います。印刷前には試し印刷をして、用紙に宛名が収まるかどうか、レイアウトにズレがないかなどを前もって確認しましょう。

COLUMN

条件に一致する顧客のみ印刷する

指定した条件に一致する顧客のみ印刷するには、条件に一致するデータを抽出したクエリを基に宛名ラベルのレポートを作成する方法があります。宛名ラベル作成後に、レポートの基にするテーブルやクエリを変更する場合は、レポートの＜レコードソース＞プロパティで指定します。以下の画像では、レポートの＜レコードソース＞プロパティを東京都と千葉県に住んでいる顧客を抽出した「Q_東京都千葉県在住」クエリに変更しています。

デザインビューで編集する

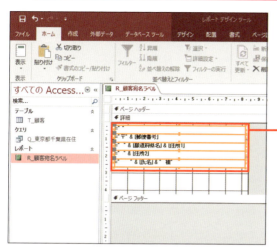

宛名ラベルの文字の配置や大きさなどを変更します。

❶ 宛名ラベルとして作成したレポートをレイアウトビューやデザインビューで開いて、

❷ 配置を整えるコントロールを選択し、

❸ 方向キーやドラッグで配置を調整します。

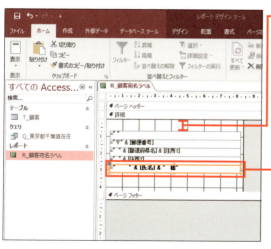

❹ コントロールの配置が変わります。

❺ 文字の書式を変更するコントロールを選択し、

❻ 書式（ここでは文字を太字にしてフォントサイズを変更しています）を設定します。

❼ 印刷プレビューを表示すると、変更後の配置や書式などを確認できます。

> **MEMO 画像を入れる**
>
> 宛名ラベルにも、ロゴやアイコンなどの画像ファイルを入れることができます（P.236参照）。

第 5 章　細部までこだわる！レポート 活用テクニック

SECTION 169 特殊

はがき印刷用のレポートを作成する

郵便番号や住所、氏名などをはがきの宛名面に印刷する場合は、＜はがきウィザード＞を使用してはがきに宛名を印刷するレポートを作成します。ウィザードの中で、はがきの種類や印刷するフィールドなどを指定します。

≫ はがき印刷用のレポートを作成する

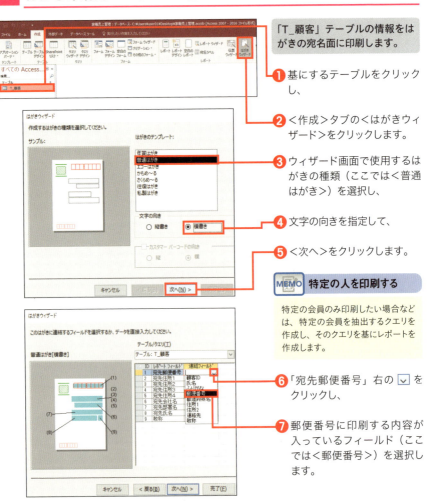

「T_顧客」テーブルの情報をはがきの宛名面に印刷します。

❶ 基にするテーブルをクリックし、

❷ ＜作成＞タブの＜はがきウィザード＞をクリックします。

❸ ウィザード画面で使用するはがきの種類（ここでは＜普通はがき＞）を選択し、

❹ 文字の向きを指定して、

❺ ＜次へ＞をクリックします。

MEMO 特定の人を印刷する

特定の会員のみ印刷したい場合などは、特定の会員を抽出するクエリを作成し、そのクエリを基にレポートを作成します。

❻ 「宛先郵便番号」右の ▽ をクリックし、

❼ 郵便番号に印刷する内容が入っているフィールド（ここでは＜郵便番号＞）を選択します。

274

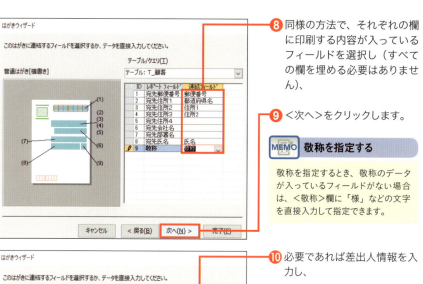

❽ 同様の方法で、それぞれの欄に印刷する内容が入っているフィールドを選択し（すべての欄を埋める必要はありません）、

❾ <次へ>をクリックします。

MEMO 敬称を指定する

敬称を指定するとき、敬称のデータが入っているフィールドがない場合は、<敬称>欄に「様」などの文字を直接入力して指定できます。

❿ 必要であれば差出人情報を入力し、

⓫ <次へ>をクリックします。

MEMO 住所の改行位置

宛名を横書きで印刷するとき、建物名が入力されているフィールドを改行して表示したい場合は、建物名が入力されているフィールドを<6 宛先会社名>に指定する方法もあります。ウィザード終了後にコントロールを移動して表示位置を修正します。

⓬ 印刷する文字のフォントを指定します。

⓭ <次へ>をクリックします。

MEMO 漢数字にする

宛名を印刷するとき、<宛先住所データに漢数字を使う>のチェックを付けると、手順❽の画面で<宛先住所1>〜<宛先住所4>までに指定したフィールドに含まれる数字が漢数字に変換されます。

275

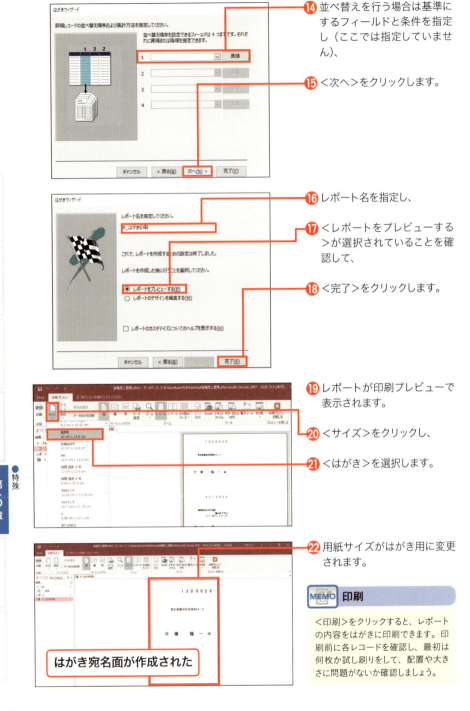

⓮ 並べ替えを行う場合は基準にするフィールドと条件を指定し（ここでは指定していません）、

⓯ <次へ>をクリックします。

⓰ レポート名を指定し、

⓱ <レポートをプレビューする>が選択されていることを確認して、

⓲ <完了>をクリックします。

⓳ レポートが印刷プレビューで表示されます。

⓴ <サイズ>をクリックし、

㉑ <はがき>を選択します。

㉒ 用紙サイズがはがき用に変更されます。

MEMO 印刷

<印刷>をクリックすると、レポートの内容をはがきに印刷できます。印刷前に各レコードを確認し、最初は何枚か試し刷りをして、配置や大きさに問題がないか確認しましょう。

はがき宛名面レポートを編集する

❶ レポートをレイアウトビューやデザインビューで開き、

❷ コントロールを選択して、

❸ 書式を設定（ここではフォントサイズを変更）します。

はがき宛名面が編集された

❹ 必要に応じてコントロールの位置やサイズを調整します。

> **MEMO 作成できない場合**
> P.276手順㉑で＜はがき＞が表示されないなど、うまくはがきが作成できない場合は、データベースファイルをアドレス帳として利用し、Wordを利用して作成する方法などがあります。

❺ 印刷プレビュー表示に切り替えて表示位置などを確認します。

COLUMN

住所の配置について

「はがきウィザード」ではがきの宛名を作成すると、はがきの大きさに合わせて郵便番号や氏名が配置されて印刷できますが、住所が中途半端な位置で改行されてしまうことがあります。レイアウトを自分で指定したい場合は、手順❼の画面で住所のフィールドを指定せずに画面を進め、はがきが表示されたら、「都道府県名」「住所1」「住所2」など住所を構成しているフィールドの数の分だけテキストボックスを追加し、テキストボックスの＜コントロールソース＞プロパティに「住所1」などの表示内容を指定して宛名面を作成します。このとき、テキストボックス内の文字の配置はコントロールの＜文字配置＞プロパティで、文字の縦書きはコントロールの＜縦書き＞プロパティで、それぞれ指定できます。ただし、はがきウィザードで自動的に追加されたコントロールを削除すると、レポートが表示されなくなる場合もあるので注意します。

COLUMN

エラーが表示されたら

レポートやフォームをデザインビューで開くと、正しくデータを表示できないことを示すエラーインジケーターが表示される場合があります。エラーインジケーターが表示されているところをクリックして選択すると、＜エラーチェックオプション＞が表示され、さらに＜エラーチェックオプション＞をクリックすると、エラーに関する説明が表示されます。エラーインジケーターは、内容を修正すると自動的に消去されます。

エラーインジケーターが表示されている状態。

＜エラーチェックオプション＞をクリックして表示されるメッセージの例。ここでは、＜レポートの幅がページの幅を超えています＞と表示されている。

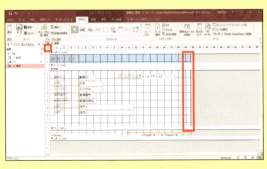

コントロールの位置を内側に移動してレポートの幅を狭めると、エラーが解消されてインジケーターが消える。

第6章

ここで差が付く!
マクロ
実践テクニック

第 6 章 ここで差が付く！マクロ 実践テクニック

SECTION 170 基本

マクロを作成する

マクロとは、指定した処理を自動的に行うプログラムです。Accessでは、プログラムを書かなくても、実行する内容を選択するだけで、さまざまなマクロを作成できます。コマンドボタンにマクロを割り当てれば、ボタンを押すだけで処理を実行できます。

≫ マクロを作成する

Accessを終了させるマクロを作成します。

❶ ＜作成＞タブの＜マクロ＞をクリックします。

MEMO マクロとアクション

マクロで実行する動作のことをアクションといいます。

❷ ＜新しいアクションの追加＞の ▼ をクリックします。

MEMO アクションカタログ

マクロをデザインビューで開き、＜マクロツール＞の＜デザイン＞タブの＜アクションカタログ＞をクリックすると、＜アクションカタログ＞ウィンドウが表示されます。＜アクションカタログ＞ウィンドウのアクションをダブルクリックしてアクションを追加することもできます。

❸ 実行する動作（ここでは＜Accessの終了＞）をクリックします。

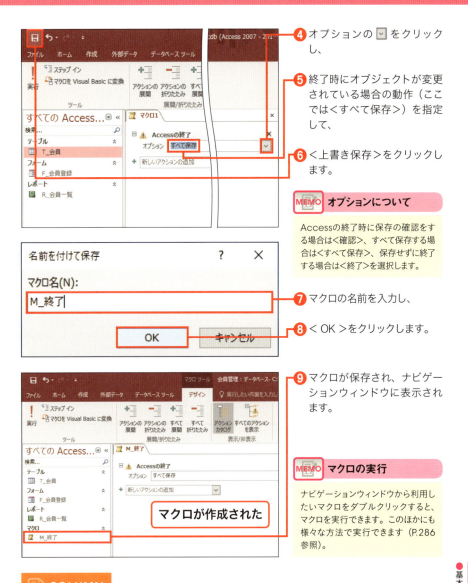

④ オプションの ▽ をクリックし、

⑤ 終了時にオブジェクトが変更されている場合の動作（ここでは＜すべて保存＞）を指定して、

⑥ ＜上書き保存＞をクリックします。

MEMO オプションについて

Accessの終了時に保存の確認をする場合は＜確認＞、すべて保存する場合は＜すべて保存＞、保存せずに終了する場合は＜終了＞を選択します。

⑦ マクロの名前を入力し、

⑧ ＜OK＞をクリックします。

⑨ マクロが保存され、ナビゲーションウィンドウに表示されます。

MEMO マクロの実行

ナビゲーションウィンドウから利用したいマクロをダブルクリックすると、マクロを実行できます。このほかにも様々な方法で実行できます（P.286参照）。

COLUMN

フォームやレポートを開くマクロについて

マクロを利用すると、フォームやレポートを開くマクロを作成できます。レポートを開く場合はアクション一覧から＜レポートを開く＞、フォームを開く場合は＜フォームを開く＞をクリックし、開くレポートやフォーム、ビューなどを指定します。

第 6 章 ここで差が付く！マクロ実践テクニック

SECTION
171
基本

複数のアクションを設定する

ひとつのマクロに複数のアクションを追加すると、異なるアクションを連続して実行できます。マクロを作成する画面では、実行する順番に沿って上から順にアクションを並べて指定します。順番の入れ替えはアクション単位で行えます。

アクションを追加する

削除クエリの実行後に追加クエリが続けて実行されるよう設定します。

❶ マクロをデザインビューで開いて（P.284 参照）、

❷ ＜新しいアクションの追加＞の ▼ をクリックします。

❸ 追加するアクション（ここでは＜クエリを開く＞）をクリックします。

MEMO 動作の詳細

アクションの種類によっては、動作の詳細を指定できます。指定できる内容はアクションによって異なり、＜クエリを開く＞のアクションの場合は、開くクエリ名や開くビューなどを指定できます。

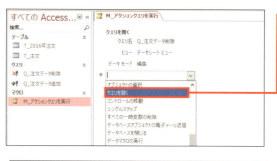

❹ 複数のアクションが指定されます。

❺ 開くクエリの名前（ここでは「Q_注文データ追加」）やビューを指定します。

282

» アクションの順番を変更する

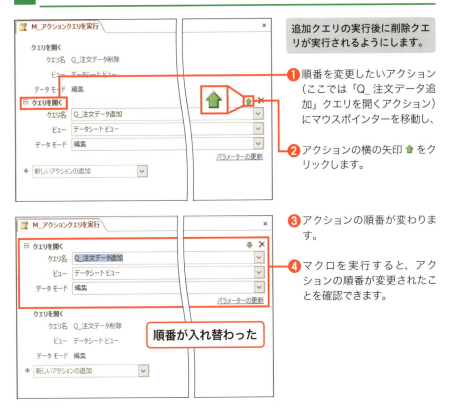

追加クエリの実行後に削除クエリが実行されるようにします。

1 順番を変更したいアクション（ここでは「Q_注文データ追加」クエリを開くアクション）にマウスポインターを移動し、

2 アクションの横の矢印 🔼 をクリックします。

3 アクションの順番が変わります。

4 マクロを実行すると、アクションの順番が変更されたことを確認できます。

MEMO 順番の変更方法

ここでは下にあったアクションを上に移動しましたが、上にあったアクションの 🔽 をクリックしても同様に順番を入れ替えられます。また、アクションが表示されている箇所を上下にドラッグして順番を入れ替えることもできます。

COLUMN

アクションカタログ

＜マクロツール＞の＜デザイン＞タブの＜アクションカタログ＞をクリックすると、＜アクションカタログ＞ウィンドウが表示され、マクロのアクションが分類ごとに一覧表示されます。＜マクロツール＞の＜デザイン＞タブの＜すべてのアクションを表示＞をクリックすると、アクションカタログにすべてのアクションが表示されます。
アクションカタログでは、アクションを選択してアクションのかんたんな説明を確認したり、アクションを検索したりできます。アクションカタログのアクションの項目をマクロの作成画面にドラッグすると、マクロにアクションが追加されます。

SECTION 172 基本

第 6 章　ここで差が付く！マクロ実践テクニック

マクロを編集する

作成したマクロで実行するアクションの内容や順番を変更したい場合は、マクロをデザインビューで開いて操作します。マクロの内容はアクション名の左の ⊞ をクリックして確認でき、不要なアクションは削除することも可能です。

設定を変更する

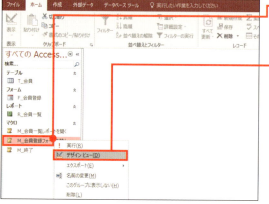

❶ ナビゲーションウィンドウで編集するマクロを右クリックし、

❷ ＜デザインビュー＞をクリックします。

❸ 設定を修正（ここでは＜データモード＞の指定を解除）します。

MEMO　アクションのコピー

コピーするアクションをコピー先に向かって Ctrl キーを押しながらドラッグすると、アクションをコピーして利用できます。

❹ 変更が終了したら、＜上書き保存＞をクリックして変更を保存します。マクロを実行（P.286 参照）すると、動作を確認できます。

マクロが編集された

» アクションを削除する

❶ 削除するアクションにマウスポインターを移動し、

❷ 右横の × をクリックします。

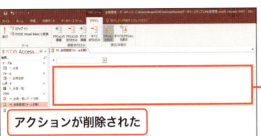

❸ アクションが削除されます。

アクションが削除された

> **MEMO　マクロの削除**
>
> マクロに含まれるアクションをすべて削除しても、マクロのオブジェクト自体は残ります。オブジェクトを削除するには、ナビゲーションウィンドウでマクロを選択し、＜ホーム＞タブの＜削除＞をクリックします。

COLUMN

メッセージを非表示にする

アクションクエリを実行すると、実行するかどうかを問うメッセージが表示されます。マクロを使用してアクションクエリを実行するとき、メッセージを表示せずに実行を許可する場合は、＜マクロツール＞の＜デザイン＞タブで＜アクションカタログ＞と＜すべてのアクション＞をクリックし、＜メッセージの設定＞のアクションを追加してメッセージを表示しないよう指定します。

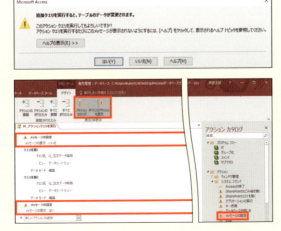

第 6 章 ここで差が付く！マクロ 実践テクニック

SECTION 173 基本

マクロを実行する

マクロを実行するには、デザインビューで開いて実行したり、ナビゲーションウィンドウからダブルクリックしたりと、さまざまな方法があります。また、複数のアクションを設定しているマクロは、1つずつ確認しながら動作させることができます。

≫ マクロを実行する

❶ 実行するマクロをデザインビューで開いて、

❷ ＜マクロツール＞の＜デザイン＞タブで＜実行＞をクリックします。

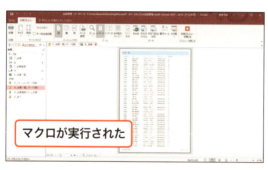

マクロが実行された

❸ マクロ（ここでは＜レポートを開く＞）が実行されます。

MEMO マクロの保存

マクロを保存していない場合、マクロのデザインビューからマクロを実行するとメッセージが表示されます。マクロを保存して実行するには＜はい＞をクリックします。

COLUMN

マクロの実行方法

マクロを実行する方法としては、次のようなものがあります。
・ナビゲーションウィンドウで実行するマクロをダブルクリックする
・ナビゲーションウィンドウで実行するマクロを右クリックし、＜実行＞をクリックする
・＜データベースツール＞タブの＜マクロの実行＞をクリックし、実行するマクロを選択する
・フォームに配置したボタンにマクロを割り当て、ボタンをクリックして実行する（P.288参照）

≫ 動作を確認しながら実行する

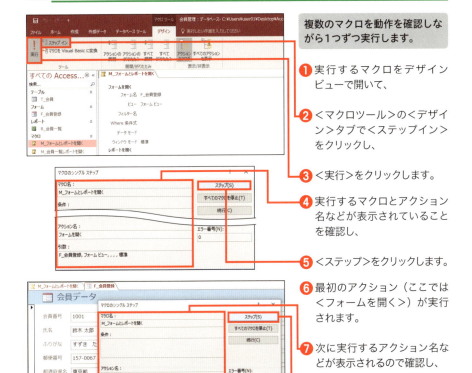

複数のマクロを動作を確認しながら1つずつ実行します。

❶ 実行するマクロをデザインビューで開いて、

❷ <マクロツール>の<デザイン>タブで<ステップイン>をクリックし、

❸ <実行>をクリックします。

❹ 実行するマクロとアクション名などが表示されていることを確認し、

❺ <ステップ>をクリックします。

❻ 最初のアクション（ここでは<フォームを開く>）が実行されます。

❼ 次に実行するアクション名などが表示されるので確認し、

❽ <ステップ>をクリックします。

❾ すべてのアクションを実行すると、マクロ実行後の画面が表示されます。

MEMO ステップインの解除

「マクロのシングルステップ」画面で<ステップ>をクリックしてすべてのアクションを実行しても、ステップインの指定は残ります。そのため、次回、いずれかのマクロを実行すると手順❹の画面が表示されます。ステップインの実行を解除するには、マクロをデザインビューで開き、<マクロツール>の<デザイン>タブの<ステップイン>をクリックします。

SECTION 174 応用

作成済みのマクロをボタンに割り当てる

第 6 章 ここで差が付く！マクロ 実践テクニック

フォームやレポートを操作するマクロを実行する場合などは、フォームやレポートに配置したボタンをクリックすると、マクロを実行できるようにすると便利です。ボタンのプロパティシートでクリック時の操作を指定します。

≫ 配置済みのボタンにマクロを割り当てる

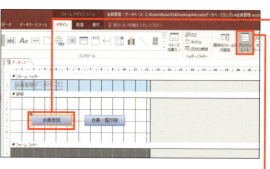

ボタンをクリックしたときに、「M_会員登録フォームを開く」マクロが実行されるようにします。

1. フォーム（ここでは「F_メニュー」）をレイアウトビューやデザインビューで開いてマクロを割り当てるボタンをクリックし、

2. プロパティシートを表示します。

3. ＜イベント＞タブの＜クリック時＞プロパティの▼をクリックし、

4. 実行するマクロ（ここでは＜M_会員登録フォームを開く＞）をクリックします。

ボタンにマクロが割り当てられた

5. ボタンにマクロが登録されます。

6. フォームを上書き保存してフォームビューで表示し、ボタンをクリックすると割り当てたマクロ（ここでは、「M_会員登録フォームを開く」）が実行されます。

≫ ナビゲーションウィンドウからボタンを追加する

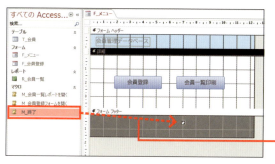

「M_終了」マクロを実行するボタンをフォームフッターに作成します。

❶ ボタンを配置するフォーム（ここでは「F_メニュー」）をデザインビューで開いて、

❷ ナビゲーションウィンドウのマクロを、ボタンを配置する箇所までドラッグします。

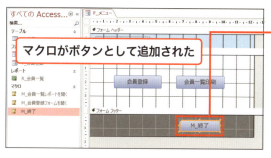

マクロがボタンとして追加された

❸ ボタンが配置されます。

❹ フォームを修正、上書き保存してフォームビューで表示し、ボタンをクリックすると追加したマクロ（ここでは「M_終了」）が実行されます。

MEMO イベントについて

イベントとは、クリックやダブルクリックなどの操作が行われるタイミングのことです。たとえば、テキストボックスをダブルクリックしたタイミングでマクロを実行する場合は、テキストボックスのプロパティシートを開き、＜イベント＞タブで＜ダブルクリック時＞プロパティに実行するマクロを指定します。

COLUMN

マクロを編集する

ボタンに登録したマクロを編集するには、フォームをレイアウトビューやデザインビューで開き、ボタンを選択し、プロパティシートの＜イベント＞タブで＜クリック時＞プロパティの□をクリックします。マクロの編集画面が表示され、マクロの動作を確認したり編集したりできます。

編集画面

289

SECTION 175 応用
第6章 ここで差が付く！マクロ実践テクニック

マクロをグループ化する

マクロのアクションの数が増えると、内容をかんたんに把握しづらくなります。その場合は、関連するアクションをグループにまとめて整理するとよいでしょう。また、マクロの数が増えた場合は、1つのマクロに複数のマクロを作成して管理することもできます。

≫ アクションをグループ化する

＜フォームを開く＞＜コントロールの移動＞アクションをグループにまとめます。

❶ P.280、282を参照してマクロを作成し、

❷ グループ化するアクション（ここでは＜フォームを開く＞）をクリックします。

❸ Ctrlキーを押しながら、グループ化するアクション（ここでは＜コントロールの移動＞）をクリックします。

❹ 選択したアクションを右クリックし、

❺ ＜グループブロックの作成＞をクリックします。

❻ ＜グループ＞にグループの名前（ここでは「フォームを開いて氏名を選択する」）を入力します。

❼ P.281の方法でマクロを保存します。

> グループとして保存された

MEMO グループの作成

＜新しいアクションの追加＞から＜グループ化＞を選択するとグループが作成されます。グループ名を入力し、作成したグループに複数のアクションを追加してもアクションがグループ化されます。

マクロを実行する

❶ 作成したマクロ（ここでは「M_レポートとフォームを開く」）をデザインビューで開き、

❷ <マクロツール>の<デザイン>タブで<実行>をクリックします。

> **MEMO マクロの実行**
>
> アクションのグループ化は、マクロの実行に影響はありません。マクロのデザインビューで関連するアクションをまとめて見やすく整理するときに使用します。マクロを実行すると上から順にアクションが実行されます。

❸ マクロが実行されます（ここでは、「R_顧客宛名ラベル」レポートが開き、「F_顧客」フォームが開いて<氏名>フィールドが選択される）。

COLUMN

アクションの追加と削除

作成したグループに既存のアクションを追加する場合は、追加するアクションをグループ内にドラッグします。グループ内にあるアクションをグループの外に配置するには、対象のアクションをグループの外にドラッグします。

291

サブマクロを作成する

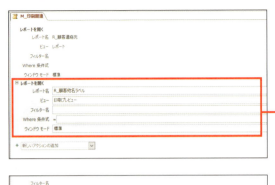

1つのマクロ内に、複数のマクロを作成します。

① P.280、282を参照してマクロを作成し、

② サブマクロにするアクションを選択します。

MEMO 複数のアクション

複数のアクションをサブマクロにするには、Ctrlキーを押しながら複数のアクションを選択します。

③ 選択したアクション（ここでは＜レポートを開く＞）を右クリックし、

④ ＜サブマクロブロックの作成＞をクリックします。

⑤ ＜サブマクロ＞にサブマクロの名前（ここでは「顧客宛名ラベル印刷」）を入力します。

MEMO サブマクロについて

サブマクロは、グループ化とは異なり、サブマクロひとつひとつが独立したマクロです。似たようなマクロをいくつも作成するような場合は、1つのマクロに複数のサブマクロを入れるとマクロを管理しやすくなります。

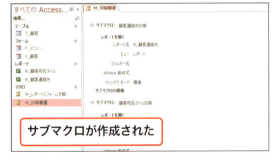

⑥ 同様に、ほかのアクションをそれぞれサブマクロにし、

⑦ マクロを保存します（P.281参照）。

サブマクロが作成された

» サブマクロを実行する

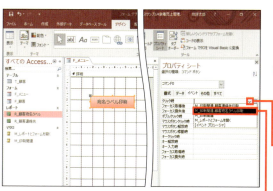

ボタンをクリックしてサブマクロを実行できるようにします。

❶ フォームをレイアウトビューやデザインビューで開き、ボタンのプロパティシートを表示します（P.196参照）。

❷ <イベント>タブの<クリック時>プロパティの ▼ をクリックし、

❸ 「マクロ名.サブマクロ名」の形式で表示されるサブマクロ（ここでは<M_印刷関連.顧客宛名ラベル印刷>）をクリックします。

❹ フォームを上書き保存してフォームビューで開き、ボタンをクリックします。

❺ サブマクロが実行されます。

サブマクロが実行された

MEMO サブマクロの実行

ボタンをクリックしてサブマクロを実行するには、手順❸で「マクロ名.サブマクロ名」のように表示されるサブマクロを指定します。サブマクロが含まれるマクロを実行すると、最初のサブマクロのみ実行されてしまうので注意します。

COLUMN

新しいアクションからサブマクロを作成する

マクロの作成画面で新しいサブマクロを作成するには、<新しいアクションの追加>の ▼ をクリックして<サブマクロ>を選択します。サブマクロ名を入力し、サブマクロの下の<新しいアクションの追加>の ▼ をクリックしてアクションの内容を指定します。サブマクロには、複数のアクションを追加できます。

SECTION 176 応用

埋め込みマクロを作成する

ナビゲーションウィンドウに表示されているマクロとは異なり、フォームやレポートのボタンなどに保存されるマクロのことを埋め込みマクロと呼びます。埋め込みマクロは、ナビゲーションウィンドウには表示されません。

埋め込みマクロを作成する

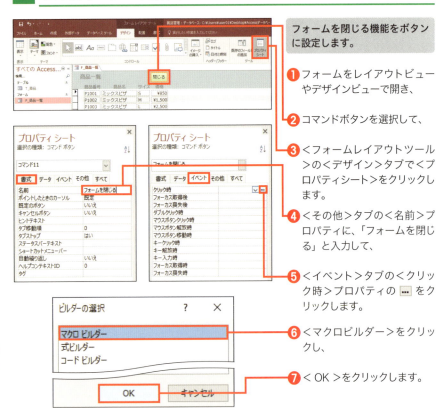

1. フォームをレイアウトビューやデザインビューで開き、
2. コマンドボタンを選択して、
3. <フォームレイアウトツール>の<デザイン>タブで<プロパティシート>をクリックします。
4. <その他>タブの<名前>プロパティに、「フォームを閉じる」と入力して、
5. <イベント>タブの<クリック時>プロパティの … をクリックします。
6. <マクロビルダー>をクリックし、
7. < OK >をクリックします。

> **MEMO 埋め込みマクロの利点**
>
> 埋め込みマクロは、埋め込みマクロを設定したボタンなどが配置されているフォームやレポートに保存されます。そのため、このフォームやレポートを別のデータベースファイルなどにコピーした場合なども、そのままマクロを実行できます。

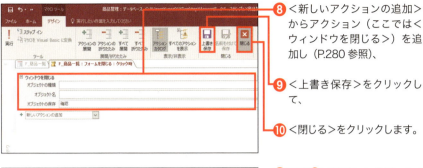

❽ <新しいアクションの追加>からアクション（ここでは<ウィンドウを閉じる>）を追加し（P.280参照）、

❾ <上書き保存>をクリックして、

❿ <閉じる>をクリックします。

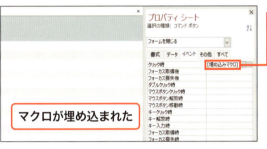

⓫ 手順❷で選択したボタンの<クリック時>プロパティに「[埋め込みマクロ]」と表示されます。

MEMO オブジェクトの指定

<ウィンドウを閉じる>のアクションを選択し、オブジェクト名などを指定しない場合はそのボタンが配置されているオブジェクトが閉じられます。

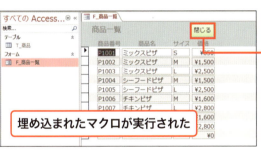

⓬ フォームビューに切り替えてボタンをクリックすると、マクロが実行されます。

COLUMN

埋め込みマクロの編集

埋め込みマクロの内容は、フォームをレイアウトビューやデザインビューで開き、ボタンの<クリック時>プロパティの<[埋め込みマクロ]>の横の…をクリックして修正できます。

295

SECTION 177 応用

第6章 ここで差が付く！マクロ実践テクニック

データマクロを作成する

テーブルのレコードを編集する際などのタイミングで実行するマクロをデータマクロといいます。データマクロは、ナビゲーションウィンドウに表示される通常のマクロとは異なり、テーブルを開いて動作を指定します。

≫ データマクロについて

データマクロには、イベントデータマクロと名前付きデータマクロがあります。

イベントデータマクロは指定したタイミングに関連付けられ、自動で実行されます。

名前付きデータマクロはテーブルに関連付けられ、ほかのマクロなどからも実行できます。

🖇 COLUMN

イベントについて

イベントデータマクロを作成するときは、どのタイミング（イベントと呼びます）でマクロを実行するのかを指定できます。

イベント	内容
（イベント前）変更前	レコードを保存する前に実行する内容を指定する
（イベント前）削除前	レコードを削除する前に実行する内容を指定する
（イベント後）挿入後処理	新しいレコードが追加された後に実行する内容を指定する
（イベント後）更新後処理	レコードが変更された後に実行する内容を指定する
（イベント後）削除後処理	レコードが削除された後に実行する内容を指定する

» イベントデータマクロを作成する

「T_製品」テーブルのレコードを変更すると、保存前に＜更新日＞フィールドに日付が入力されるように設定します。

❶ イベントデータマクロを指定するテーブル（ここでは「T_製品」）をデータシートビューで開いて、

❷ ＜テーブルツール＞の＜テーブル＞タブで＜変更前＞をクリックします。

❸ マクロの作成画面が表示されるので、＜新しいアクションの追加＞の ▽ をクリックし、

❹ 設定するアクション（ここでは＜フィールドの設定＞）をクリックします。

❺ ＜名前＞に編集するフィールド名（ここでは「更新日」）を入力し、

❻ ＜値＞に設定する値（ここでは「=Date()」）を入力して、

❼ ＜上書き保存＞をクリックし、

❽ ＜閉じる＞をクリックします。

❾ レコードの内容を変更すると、フィールドに値が設定（ここでは＜更新日＞フィールドに今日の日付が表示）されます。

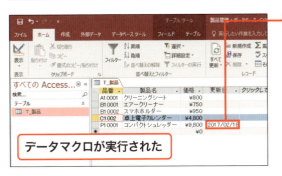

データマクロが実行された

297

第 6 章 ここで差が付く！マクロ 実践テクニック

SECTION 178 応用
名前付きデータマクロを作成する

名前付きデータマクロは、イベントではなくテーブルに関連付けられるマクロで、ほかのデータマクロや通常のマクロからも実行できます。また、パラメーターという値を定義し、名前付きデータマクロの実行時にパラメーターに値を渡して実行することもできます。

名前付きデータマクロを作成する

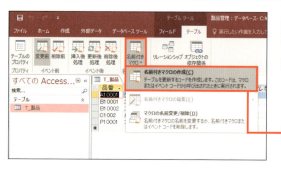

レコードを作成するマクロを作成します。

❶ 名前付きデータマクロを指定するテーブル（ここでは「T_製品」）をデータシートビューで開いて、

❷ ＜テーブルツール＞の＜テーブル＞タブの＜名前付きマクロ＞→＜名前付きマクロの作成＞の順にクリックします。

❸ ＜パラメーターの作成＞をクリックして＜名前＞にパラメーター名（ここでは「品番追加」）を入力し、

❹ ＜新しいアクションの追加＞から設定するアクション（ここでは＜レコードの作成＞）をクリックします。

❺ ＜レコードの作成先＞で作成先のテーブルを指定し、

❻ ＜新しいアクションの追加＞から＜フィールドの設定＞を選択して＜名前＞と＜値＞を入力し、マクロ名（ここでは「DataMacro1」）を付け保存します。

データマクロが作成された

名前付きデータマクロを実行する

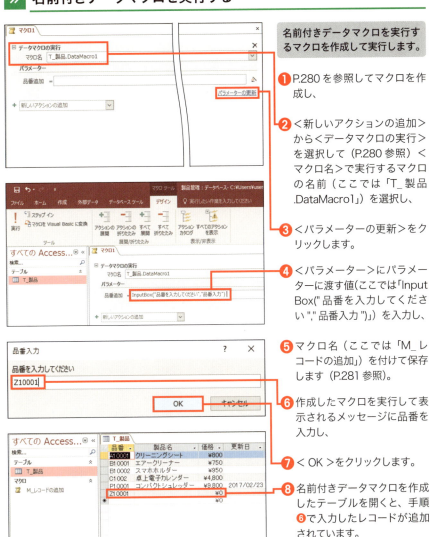

名前付きデータマクロを実行するマクロを作成して実行します。

❶ P.280を参照してマクロを作成し、

❷ <新しいアクションの追加>から<データマクロの実行>を選択して(P.280参照)<マクロ名>で実行するマクロの名前(ここでは「T_製品.DataMacro1」)を選択し、

❸ <パラメーターの更新>をクリックします。

❹ <パラメーター>にパラメーターに渡す値(ここでは「InputBox("品番を入力してください","品番入力")」)を入力し、

❺ マクロ名(ここでは「M_レコードの追加」)を付けて保存します(P.281参照)。

❻ 作成したマクロを実行して表示されるメッセージに品番を入力し、

❼ <OK>をクリックします。

❽ 名前付きデータマクロを作成したテーブルを開くと、手順❻で入力したレコードが追加されています。

MEMO 未入力の場合

ここで紹介した例では、品番を空欄のまま<OK>ボタンをクリックすると、エラーが表示されます。エラーを回避するにはIf文などを使って条件分岐処理を指定する必要があります(P.304参照)。

SECTION 179 応用

データマクロを編集する

データマクロの内容をあとから変更したり、削除したりするには、データマクロを指定しているテーブルを開いて操作します。ここでは、イベントデータマクロを確認して、内容の変更や削除を行います。

マクロを編集する

イベントデータマクロを編集します。

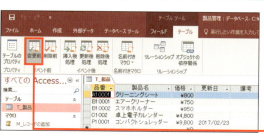

❶ イベントデータマクロが指定されたテーブルをデータシートビューで開いて、

❷ <テーブルツール>の<テーブル>タブでオンになっているコマンド(ここでは<変更前>)をクリックします。

❸ イベントデータマクロを編集(ここでは「値」を「= Now()」に変更)し、

❹ <上書き保存>をクリックして、

❺ <閉じる>をクリックします。

❻ レコードの内容を変更すると、フィールドに値(ここでは<更新日>フィールドに変更した日の日付と時刻が表示)が設定されます。

マクロが編集された

> **MEMO 名前付きデータマクロの編集**
>
> 名前付きデータマクロを編集するには、テーブルをデータシートビューで開き、<テーブル>タブの<名前付きマクロの編集>から編集するマクロ名をクリックしてマクロを編集します。

≫ マクロを削除する

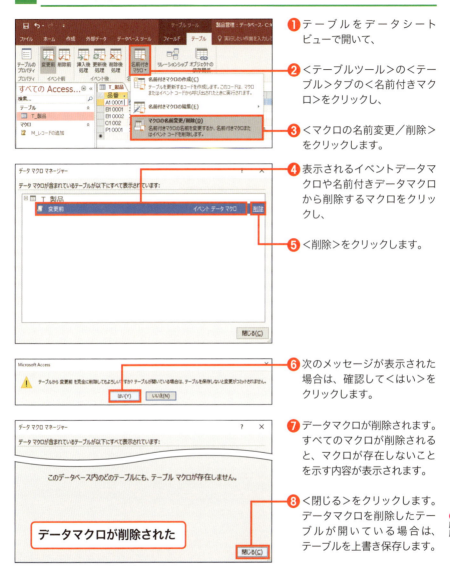

❶ テーブルをデータシートビューで開いて、

❷ <テーブルツール>の<テーブル>タブの<名前付きマクロ>をクリックし、

❸ <マクロの名前変更／削除>をクリックします。

❹ 表示されるイベントデータマクロや名前付きデータマクロから削除するマクロをクリックし、

❺ <削除>をクリックします。

❻ 次のメッセージが表示された場合は、確認して<はい>をクリックします。

❼ データマクロが削除されます。すべてのマクロが削除されると、マクロが存在しないことを示す内容が表示されます。

❽ <閉じる>をクリックします。データマクロを削除したテーブルが開いている場合は、テーブルを上書き保存します。

MEMO 名前付きデータマクロの場合

名前付きデータマクロの場合は、手順❹の画面で<名前の変更>をクリックして名前を変更できます。<削除>をクリックして削除することも可能です。

301

SECTION 180 設定

第 6 章 ここで差が付く！マクロ 実践テクニック

起動時の画面を設定する

ほかの人にデータベースファイルを利用してもらうときは、データベースファイルを扱いやすいようにメニュー画面を作成しておくとよいでしょう。さらに、データベースファイルを開いたときに、メニュー画面が自動的に開くように指定しておくと便利です。

≫ 起動時に表示するフォームを指定する

データベースファイルを開くと、「F_メニュー」フォームが自動で表示されるよう設定します。

❶ ＜ファイル＞タブをクリックします。

❷ ＜オプション＞をクリックします。

❸ ＜現在のデータベース＞（Access 2010の場合は＜カレントデータベース＞）をクリックし、

❹ ＜フォームの表示＞の ▼ をクリックして、

❺ データベースファイルを開いたときに開くフォーム（ここでは「F_メニュー」）を指定します。

❻ 設定が終了したら、＜ OK ＞をクリックします。

> **MEMO** 起動時に実行するマクロ
>
> ここで紹介するのは、起動時に指定したフォームを開く方法です。起動時にほかのオブジェクトを開きたい場合などは、「AutoExec」という名前を付けたマクロを作成する方法があります。「AutoExec」マクロは、データベースファイルを開いたときに自動的に実行されます。

❼ メッセージを確認して＜ OK ＞をクリックします。

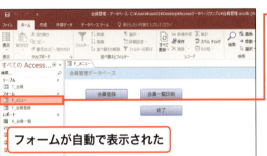

❽ データベースファイルを閉じて開き直すと、指定したフォーム（ここでは「F_メニュー」）が自動で表示されます。

> **MEMO** 設定の解除
>
> データベースを開いたときに表示するフォームの設定を解除するには、手順❺の画面を表示して＜(表示しない)＞を選択します。

📝 COLUMN

メニューフォームの不要なボタンを非表示にする

メニュー用のフォームでは、通常、レコードセレクタや移動ボタンなどは不要です。ボタンの表示／非表示は、フォームのプロパティシートを表示して＜書式＞タブの＜レコードセレクタ＞プロパティや＜移動ボタン＞プロパティで指定できます。

第6章 ここで差が付く！マクロ 実践テクニック

SECTION 181 設定
条件付きマクロを作成する

マクロを作成するときに、指定した条件に一致する場合とそうでない場合とで異なる処理を実行するには、アクションから＜If＞を選択して処理を書きます。条件と、条件に一致する場合の処理、一致しない場合の処理を指定した箇所に書きます。

≫ 条件によって実行するマクロを切り替える

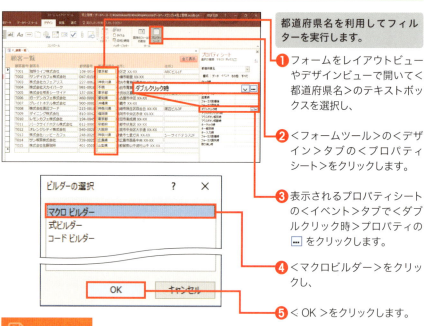

都道府県名を利用してフィルターを実行します。

❶ フォームをレイアウトビューやデザインビューで開いて＜都道府県名＞のテキストボックスを選択し、

❷ ＜フォームツール＞の＜デザイン＞タブの＜プロパティシート＞をクリックします。

❸ 表示されるプロパティシートの＜イベント＞タブで＜ダブルクリック時＞プロパティの … をクリックします。

❹ ＜マクロビルダー＞をクリックし、

❺ ＜OK＞をクリックします。

COLUMN

If文について

アクションの＜If＞を使って条件分岐処理を書くには条件に一致する場合としない場合それぞれの処理を指定します。また、複数の条件を指定して処理を分岐するには、Else Ifブロックを使用して書く方法があります。Else Ifブロックは、複数追加できます。

If 条件 Then
条件に一致する場合の処理
Else
条件に一致しない場合の処理
If 文の最後

If 条件 A Then
条件 A に一致する場合の処理
Else If 条件 B Then
条件 B に一致する場合の処理
:
Else
全条件に一致しない場合の処理
If 文の最後

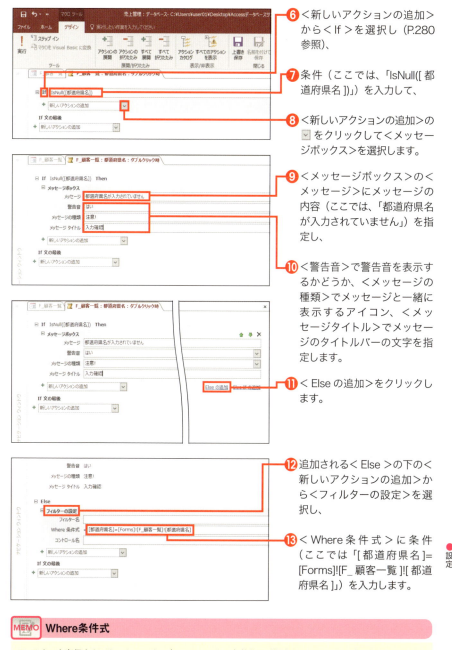

⑥ <新しいアクションの追加>から<If>を選択し（P.280参照）、

⑦ 条件（ここでは、「IsNull([都道府県名])」）を入力して、

⑧ <新しいアクションの追加>の▼をクリックして<メッセージボックス>を選択します。

⑨ <メッセージボックス>の<メッセージ>にメッセージの内容（ここでは、「都道府県名が入力されていません」）を指定し、

⑩ <警告音>で警告音を表示するかどうか、<メッセージの種類>でメッセージと一緒に表示するアイコン、<メッセージタイトル>でメッセージのタイトルバーの文字を指定します。

⑪ <Elseの追加>をクリックします。

⑫ 追加される<Else>の下の<新しいアクションの追加>から<フィルターの設定>を選択し、

⑬ <Where条件式>に条件（ここでは「[都道府県名]=[Forms]![F_顧客一覧]![都道府県名]」）を入力します。

● 設定

MEMO　Where条件式

フィルターを実行するには、<フィルター名>にフィルター条件などが指定されているクエリ名を指定したり、<Where条件式>にデータの抽出条件を指定したりします。ここでは<都道府県名>フィールドの値が、ダブルクリックした<都道府県名>フィールドの値と同じ」という式を指定しています。

305

⑭ フォームを上書き保存し、

⑮ フォームビューで＜都道府県名＞フィールドをダブルクリックします。

⑯ 都道府県名が入力されていた場合は、フィルターが実行されます。ここでは「東京都」をダブルクリックして、東京都のレコードを表示しています。

MEMO If文の条件

ここではIf文とIsNull関数を利用して条件分岐処理を行いました。＜都道府県名＞フィールドが未入力の場合は＞という条件を指定し、条件に一致するときはメッセージを表示させています。

⑰ 空欄の場合は、メッセージが表示されます。

COLUMN

「全て表示」をクリックしたときの動作について

「全て表示」と表示されているボタンをクリックした場合は、フィルターの実行が解除されるようにすると便利です。「全て表示」ボタンのプロパティシートを表示して＜クリック時＞プロパティの［…］をクリックし、マクロビルダーから＜フィルター/並べ替えの解除＞のアクションを指定します。

条件付きマクロに条件を追加する

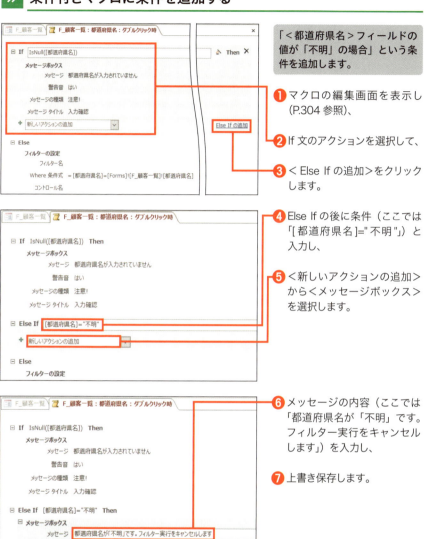

「＜都道府県名＞フィールドの値が「不明」の場合」という条件を追加します。

❶ マクロの編集画面を表示し（P.304 参照）、

❷ If 文のアクションを選択して、

❸ ＜ Else If の追加＞をクリックします。

❹ Else If の後に条件（ここでは「[都道府県名]="不明"」）と入力し、

❺ ＜新しいアクションの追加＞から＜メッセージボックス＞を選択します。

❻ メッセージの内容（ここでは「都道府県名が「不明」です。フィルター実行をキャンセルします」）を入力し、

❼ 上書き保存します。

❽ フォームビューに戻って「不明」をダブルクリックすると、メッセージが表示されるようになります。

307

第 6 章 ここで差が付く！マクロ 実践テクニック

SECTION 182 設定
メッセージを利用して処理を変更する

マクロを実行する際、ユーザーの判断によって異なる処理を実行するには、メッセージボックスを表示して選択してもらう方法があります。ここでは、「はい」「いいえ」のボタンがあるメッセージを表示し、押されたボタンによって異なる処理を行います。

「はい」「いいえ」のボタンを表示する

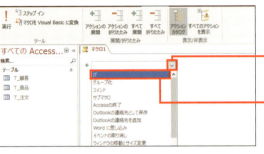

❶ P.280を参照してマクロを作成し、

❷ ＜新しいアクションの追加＞の ▼ をクリックして、

❸ ＜ If ＞を選択します。

❹ If文の条件（ここではMsgBox関数を使用してメッセージを表示）を入力し(COLUMN参照)、

❺ マクロ名（ここでは「M_終了確認」）を付けてマクロを保存します（P.281参照）。

❻ マクロを実行すると、メッセージが表示されるようになります。

❼ ＜はい＞または＜いいえ＞をクリックすると、メッセージが閉じます。

メッセージが表示された

MEMO メッセージの利用

＜はい＞または＜いいえ＞がクリックされたときの動作を指定する方法は、P.310で紹介しています。

COLUMN

MsgBox関数

メッセージボックスを表示するには、MsgBox関数を使用します。例と書式は次のとおりです。

> MsgBox(prompt,[buttons],[title],[helpfile],[context])

引数	内容
prompt	メッセージの内容を指定する
buttons	表示するボタンの種類やアイコンなどを指定
title	メッセージボックスのタイトルバーに表示するタイトルを指定
helpfile	ヘルプを表示する場合のヘルプファイルを指定（省略可）
context	ヘルプを表示する場合に対応するコンテキスト番号を指定（省略可）

MsgBox関数の引数で表示するボタンやアイコンは、設定値または番号を使って指定します。たとえば、問い合わせアイコンと＜はい＞と＜いいえ＞ボタンを表示し、＜いいえ＞を標準ボタンにするには、「32」と「4」と「256」を足して「292」をMsgBox関数の[buttons]に指定します（P.308では＜はい＞＜いいえ＞のボタンを表示する番号「4」、問い合わせアイコンを表示する番号「32」を足して「36」を指定しています）。

アイコンの指定

設定値	番号	アイコン
vbCritical	16	警告アイコン ❌
vbQuestion	32	問い合わせアイコン ❓
vbExclamation	48	注意アイコン ⚠
vbInformation	64	情報アイコン ℹ

表示するボタンの指定

設定値	番号	ボタン
vbOKOnly	0	OK
vbOKCancel	1	OK キャンセル
vbAbortRetryIgnore	2	中止(A) 再試行(R) 無視(I)
vbYesNoCancel	3	はい(Y) いいえ(N) キャンセル
vbYesNo	4	はい(Y) いいえ(N)
vbRetryCancel	5	再試行(R) キャンセル

メッセージボックスを表示したときにあらかじめ選択されているボタンの指定

設定値	番号	内容	
vbDefaultButton1	0	左端のボタン	はい(Y) いいえ(N) キャンセル
vbDefaultButton2	256	左から2つ目のボタン	はい(Y) いいえ(N) キャンセル
vbDefaultButton3	512	左から3つ目のボタン	はい(Y) いいえ(N) キャンセル

クリック時の処理を指定する

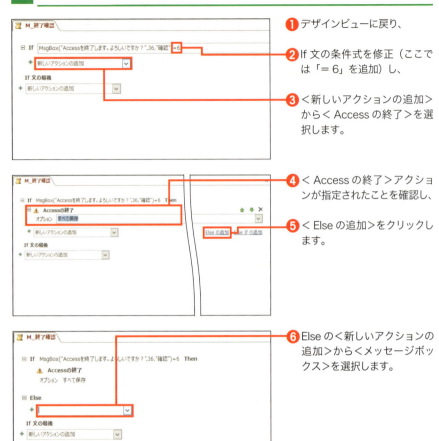

❶ デザインビューに戻り、

❷ If 文の条件式を修正（ここでは「= 6」を追加）し、

❸ ＜新しいアクションの追加＞から＜ Access の終了＞を選択します。

❹ ＜ Access の終了＞アクションが指定されたことを確認し、

❺ ＜ Else の追加＞をクリックします。

❻ Else の＜新しいアクションの追加＞から＜メッセージボックス＞を選択します。

COLUMN

ボタンの戻り値

メッセージボックスでは、押されたボタンによって、次のような値が返ります。上の例では、＜はい＞がクリックされた場合の処理を指定するため、「6」を指定しています。

ボタンの種類	戻り値	値
OK	vbOK	1
キャンセル	vbCancel	2
中止(A)	vbAbort	3
再試行(R)	vbRetry	4
無視(I)	vbIgnore	5
はい(Y)	vbYes	6
いいえ(N)	vbNo	7

❼ メッセージボックスの内容を指定し（P.305参照）、

❽ マクロを保存して閉じます。

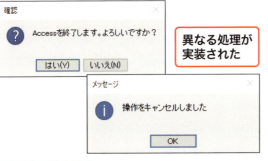

❾ マクロ（ここでは「M_終了確認」）を実行して表示されるメッセージで＜はい＞をクリックすると、Accessが閉じます。

❿ ＜いいえ＞をクリックすると、メッセージが表示されます。

COLUMN

複数のボタンがある場合

ボタンが3つ以上ある場合は、メッセージボックスを表示して押されたボタンの戻り値を変数というものに入れ、それに応じて処理を分岐する方法があります。次の例では、＜はい＞＜いいえ＞＜キャンセル＞ボタンが押されたときにそれぞれ実行する処理を記述しています。

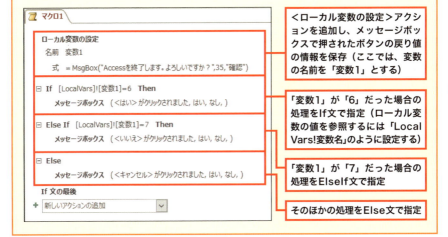

311

COLUMN

VBAでプログラムを書く

Accessで行う操作を自動化する場合、本書で紹介しているマクロを利用する方法とは別にVBAというプログラム言語を使用してプログラムを書く方法があります。マクロは実行する処理を一覧から選択してかんたんに作成できますが、マクロの＜アクション＞には無い複雑な操作などを実行することはできません。VBAは、VBAというプログラム言語を知る必要がありますが、マクロでは実現できない複雑な処理を柔軟に行うしくみを作成できます。VBAでプログラムを書くには、＜作成＞タブの＜Visual Basic for Applications＞をクリックすると起動する「VBE」というツールを使用します。また、マクロをVBAに変換して利用したりVBAで修正したりもできます。本書ではVBAについては扱いませんが、興味があれば調べてみるとよいでしょう。

VBEの画面

	メリット	デメリット
マクロ	・実行する処理を選択するだけで手軽に作成できる	・複雑な操作は実現できない
VBA	・マクロでは実現できない柔軟な操作を実現できる ・独自の関数を作成できる ・ファイルの操作などのOSに対する操作や、ほかのソフトとの連携処理などを実現できる	・プログラム言語の知識が必要

第7章

覚えておきたい！
Access
便利テクニック

SECTION 183 連携

第7章 覚えておきたい！Access便利テクニック

テキストファイルを Accessに取り込む

すでにあるデータをAccessで活用したい場合は、データをAccessに取り込む方法があります。取り込めるデータの種類はさまざまなものがあります。CSV形式など、多くのソフトで広く対応しているテキストファイルもAccessに取り込めます。

≫ テキストファイルをテーブルとして取り込む

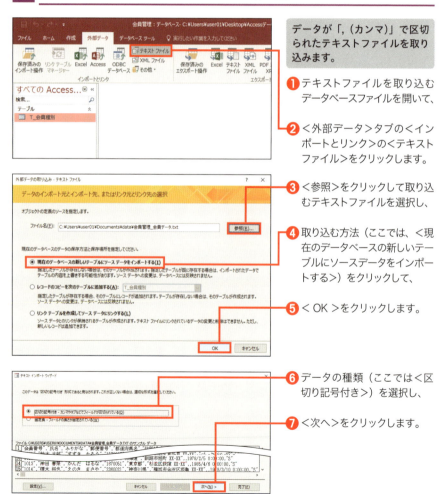

データが「,（カンマ）」で区切られたテキストファイルを取り込みます。

❶ テキストファイルを取り込むデータベースファイルを開いて、

❷ ＜外部データ＞タブの＜インポートとリンク＞の＜テキストファイル＞をクリックします。

❸ ＜参照＞をクリックして取り込むテキストファイルを選択し、

❹ 取り込む方法（ここでは、＜現在のデータベースの新しいテーブルにソースデータをインポートする＞）をクリックして、

❺ ＜OK＞をクリックします。

❻ データの種類（ここでは＜区切り記号付き＞）を選択し、

❼ ＜次へ＞をクリックします。

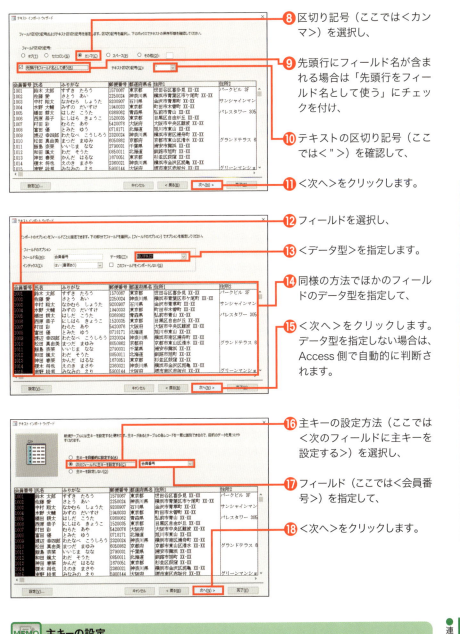

❽ 区切り記号（ここでは＜カンマ＞）を選択し、

❾ 先頭行にフィールド名が含まれる場合は「先頭行をフィールド名として使う」にチェックを付け、

❿ テキストの区切り記号（ここでは＜"＞）を確認して、

⓫ ＜次へ＞をクリックします。

⓬ フィールドを選択し、

⓭ ＜データ型＞を指定します。

⓮ 同様の方法でほかのフィールドのデータ型を指定して、

⓯ ＜次へ＞をクリックします。データ型を指定しない場合は、Access側で自動的に判断されます。

⓰ 主キーの設定方法（ここでは＜次のフィールドに主キーを設定する＞）を選択し、

⓱ フィールド（ここでは＜会員番号＞）を指定して、

⓲ ＜次へ＞をクリックします。

MEMO 主キーの設定

＜主キーを自動的に設定する＞を選択すると、データ型が＜オートナンバー型＞の＜ID＞フィールドが追加され、主キーが設定されます。＜主キーを設定しない＞を選択すると、主キーは設定されません。なお、インポート後に設定を変更することもできます。

315

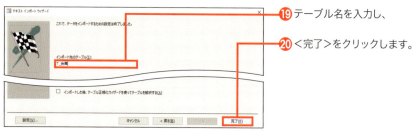

⓳ テーブル名を入力し、

⓴ <完了>をクリックします。

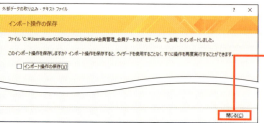

㉑ データが新しいテーブルにインポートされます。

㉒ <閉じる>をクリックします。

㉓ ナビゲーションウィンドウから追加されたテーブル(ここでは「T_会員」テーブル)を開くと、レコードを確認できます。

データがインポートされた

MEMO インポートとエクスポート

ほかのファイル形式のデータをテーブルに取り込んだり、ほかのAccessデータベースファイルのオブジェクトを取り込んで利用したりすることをインポート、テーブルやクエリのレコードをほかのファイル形式のデータに出力したり、ほかのAccessデータベースファイルにオブジェジェクトを出力したりすることをエクスポートといいます。

COLUMN

インポート前のテキストファイルについて

テキストファイルをインポートする前には、テキストファイルを開いて先頭行にフィールド名があるか、フィールドの区切り文字、文字列を囲む記号、同じフィールドに異なるデータ型のデータが含まれていないか、主キーフィールドに重複する値が含まれていないかなどを確認しておきましょう。テキストファイルをインポートしたときにエラーが発生するとメッセージが表示されます。内容を確認し、必要に応じてテキストファイルの内容を編集して操作をやり直します。

既存テーブルにテキストファイルのデータを追加する

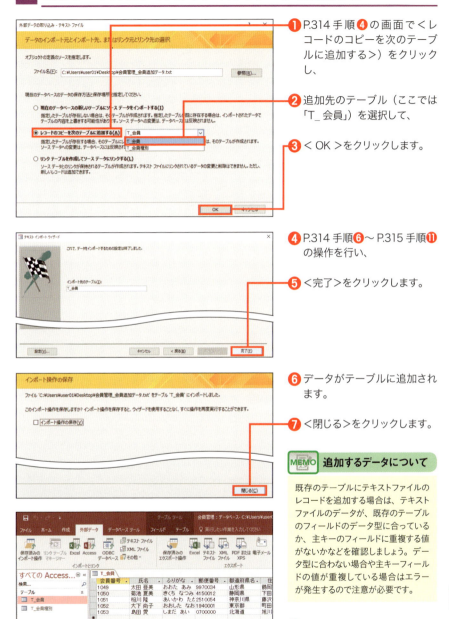

❶ P.314 手順❹の画面で＜レコードのコピーを次のテーブルに追加する＞）をクリックし、

❷ 追加先のテーブル（ここでは「T_会員」）を選択して、

❸ ＜OK＞をクリックします。

❹ P.314 手順❻〜P.315 手順⓫の操作を行い、

❺ ＜完了＞をクリックします。

❻ データがテーブルに追加されます。

❼ ＜閉じる＞をクリックします。

MEMO 追加するデータについて

既存のテーブルにテキストファイルのレコードを追加する場合は、テキストファイルのデータが、既存のテーブルのフィールドのデータ型に合っているか、主キーのフィールドに重複する値がないかなどを確認しましょう。データ型に合わない場合や主キーフィールドの値が重複している場合はエラーが発生するので注意が必要です。

❽ ナビゲーションウィンドウから追加されたテーブルを開くと、レコードを確認できます。

第 7 章　覚えておきたい！Access 便利テクニック

SECTION
184
連携

Excelファイルを Accessに取り込む

Excelのデータも、Accessに取り込んで利用できます。Access側からExcelファイルを取り込むと、取り込んだデータはExcelのブックとは別のものになりますので、Excelとの関連はなくなることに注意しましょう。

≫ Excelのブックを取り込む

❶ Excel ブックを取り込むデータベースファイルを開いて、

❷ ＜外部データ＞タブの＜インポートとリンク＞の＜ Excel ＞をクリックします。

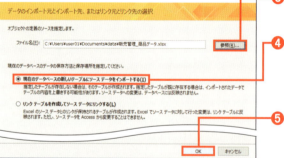

❸ ＜参照＞をクリックして取り込む Excel ファイルを選択し、

❹ 取り込む方法（ここでは＜現在のデータベースの新しいテーブルにソースデータをインポートする＞）を選択して、

❺ ＜ OK ＞をクリックします。

❻ 取り込むデータ（ここでは＜ワークシート＞）を選択し、

❼ 取り込むシートを選択して、

❽ ＜次へ＞をクリックします。

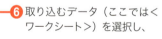

名前の付いた範囲

Excelでは、セル範囲に名前を付けて利用できます。名前の付いた範囲のデータを取り込むには、＜名前の付いた範囲＞を選択します。

連携
第 7 章

318

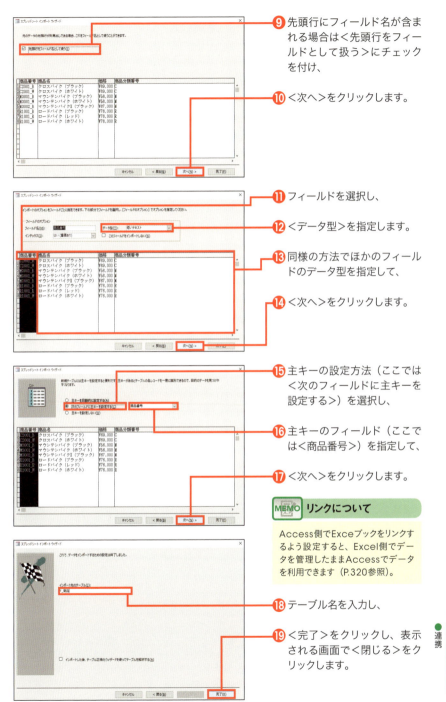

❾ 先頭行にフィールド名が含まれる場合は＜先頭行をフィールドとして扱う＞にチェックを付け、

❿ ＜次へ＞をクリックします。

⓫ フィールドを選択し、

⓬ ＜データ型＞を指定します。

⓭ 同様の方法でほかのフィールドのデータ型を指定して、

⓮ ＜次へ＞をクリックします。

⓯ 主キーの設定方法（ここでは＜次のフィールドに主キーを設定する＞）を選択し、

⓰ 主キーのフィールド（ここでは＜商品番号＞）を指定して、

⓱ ＜次へ＞をクリックします。

MEMO リンクについて

Access側でExcelブックをリンクするよう設定すると、Excel側でデータを管理したままAccessでデータを利用できます（P.320参照）。

⓲ テーブル名を入力し、

⓳ ＜完了＞をクリックし、表示される画面で＜閉じる＞をクリックします。

319

⑳ ナビゲーションウィンドウから追加したテーブルを開くと、レコードを確認できます。

≫ ExcelブックをリンクしてExcelでの変更を反映する

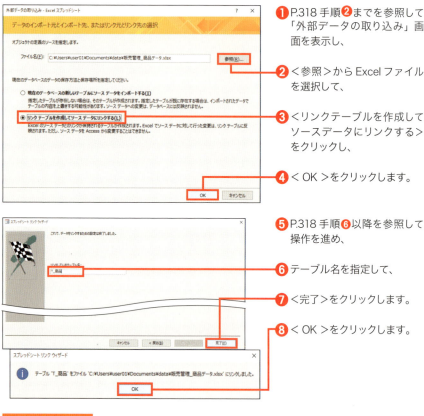

❶ P.318 手順❷までを参照して「外部データの取り込み」画面を表示し、

❷ ＜参照＞から Excel ファイルを選択して、

❸ ＜リンクテーブルを作成してソースデータにリンクする＞をクリックし、

❹ ＜ OK ＞をクリックします。

❺ P.318 手順❻以降を参照して操作を進め、

❻ テーブル名を指定して、

❼ ＜完了＞をクリックします。

❽ ＜ OK ＞をクリックします。

📎 COLUMN

リンクとは

リンクとは、ほかのアプリケーションソフトなどで作成したデータや、ほかのAccessデータベースファイルのテーブルを、Accessのデータベースファイルで利用することです。たとえば、Excelのデータをリンクすると、Excelで作成して管理しているデータを、Accessのファイル形式に変換せずに、そのままAccess側で利用できます。

❾ ナビゲーションウィンドウに追加されたリンクテーブルをダブルクリックすると、

❿ リンクしたデータが表示されます。

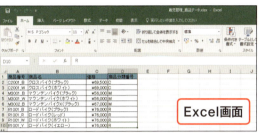

⓫ Excel側でデータを修整・追加し、保存すると、

⓬ Accessにも修正・追加が反映されます。

MEMO データの変更について

ExcelのデータをリンクしてAccessで利用する場合、Access側のリンクテーブルでは、データの追加や削除、変更、またフィールドの追加や削除、データ型の変更などテーブルデザインの変更ができません。データを変更したい場合は、Excelブック側で行います。Excelでの変更後にAccessのリンクテーブルを開くと、変更されたデータが反映されます。

COLUMN

リンク先を更新するには

リンクしたExcelブックのファイル名や保存先が変更された際にリンクテーブルを開くと、レコードが表示されずにメッセージが表示されます。リンク先を更新するには、<外部データ>タブの<リンクテーブルマネージャー>をクリックし、表示される画面で更新するテーブルをクリックしてチェックを付けて<OK>をクリックし、リンク先を指定します。

321

第 7 章 覚えておきたい！Access 便利テクニック

SECTION 185 連携

データをExcel形式で出力する

Accessで作成したテーブルやクエリなどのデータを、Excelで利用するには、オブジェクトをエクスポートします。オブジェクトに指定されている書式を保持したままエクスポートすることもできます。

≫ Excel形式で出力する

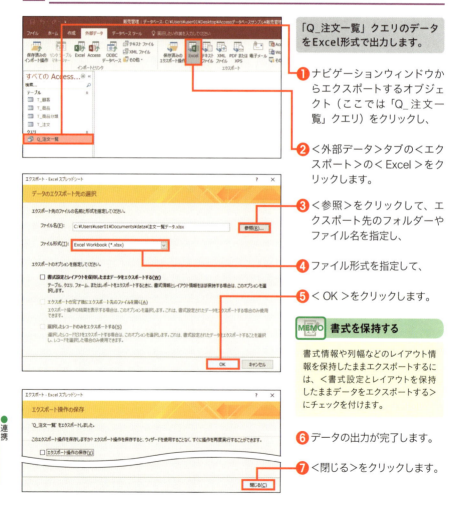

「Q_注文一覧」クエリのデータをExcel形式で出力します。

1. ナビゲーションウィンドウからエクスポートするオブジェクト（ここでは「Q_注文一覧」クエリ）をクリックし、

2. ＜外部データ＞タブの＜エクスポート＞の＜Excel＞をクリックします。

3. ＜参照＞をクリックして、エクスポート先のフォルダーやファイル名を指定し、

4. ファイル形式を指定して、

5. ＜OK＞をクリックします。

MEMO 書式を保持する

書式情報や列幅などのレイアウト情報を保持したままエクスポートするには、＜書式設定とレイアウトを保持したままデータをエクスポートする＞にチェックを付けます。

6. データの出力が完了します。

7. ＜閉じる＞をクリックします。

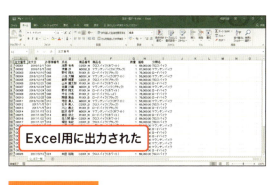

❽ 出力先の Excel ブックを開き、

❾ データの表示形式などを調整します（COLUMN 参照）。

Excel用に出力された

📎 COLUMN

出力したファイルについて

AccessのテーブルをExcel形式で出力し、内容を確認すると、エラーの可能性があることを示すエラーインジケーターが表示されることがあります（たとえば＜テキスト型＞のフィールドに入力されていた数字は文字列として保存されるため、エラーインジケーターが表示されます）。その場合は、エラーの処理方法などを指定し、数値の表示形式などを適宜調整します。

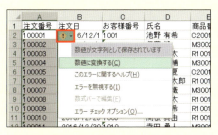

エラーインジケーターが表示されているセル範囲を選択して＜エラーチェックオプション＞をクリックすると、エラーの情報と修正候補が表示されます。

修正が済むと自動でエラーインジケーターが消えます。

数値の表示形式を変更する場合、数値が入力されているセル範囲を選択して＜ホーム＞タブで表示形式（ここでは＜通貨表示形式＞）を指定します。

SECTION 186 連携

第7章 覚えておきたい！Access便利テクニック

データをテキスト形式で出力する

テーブルやクエリなどのオブジェクトをAccess以外のソフトで利用するとき、Accessのデータを直接取り込めない場合は、別の形式でデータを出力して利用する方法があります。その際、フィールドやテキストの区切り記号などを指定できます。

≫ テキスト形式で出力する

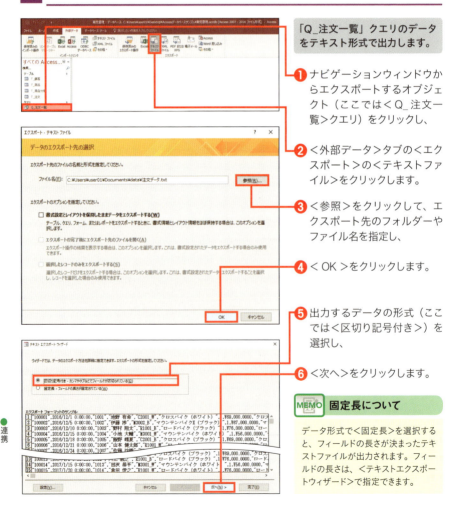

「Q_注文一覧」クエリのデータをテキスト形式で出力します。

1. ナビゲーションウィンドウからエクスポートするオブジェクト（ここでは<Q_注文一覧>クエリ）をクリックし、

2. <外部データ>タブの<エクスポート>の<テキストファイル>をクリックします。

3. <参照>をクリックして、エクスポート先のフォルダーやファイル名を指定し、

4. <OK>をクリックします。

5. 出力するデータの形式（ここでは<区切り記号付き>）を選択し、

6. <次へ>をクリックします。

MEMO 固定長について

データ形式で<固定長>を選択すると、フィールドの長さが決まったテキストファイルが出力されます。フィールドの長さは、<テキストエクスポートウィザード>で指定できます。

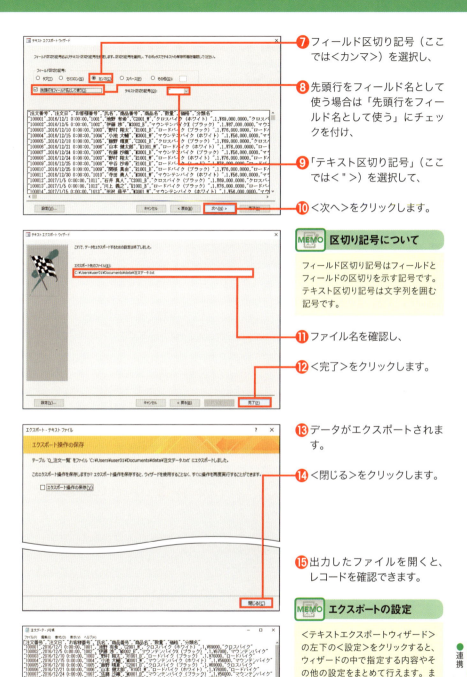

❼ フィールド区切り記号（ここでは＜カンマ＞）を選択し、

❽ 先頭行をフィールド名として使う場合は「先頭行をフィールド名として使う」にチェックを付け、

❾「テキスト区切り記号」（ここでは＜ " ＞）を選択して、

❿ ＜次へ＞をクリックします。

MEMO 区切り記号について

フィールド区切り記号はフィールドとフィールドの区切りを示す記号です。テキスト区切り記号は文字列を囲む記号です。

⓫ ファイル名を確認し、

⓬ ＜完了＞をクリックします。

⓭ データがエクスポートされます。

⓮ ＜閉じる＞をクリックします。

⓯ 出力したファイルを開くと、レコードを確認できます。

MEMO エクスポートの設定

＜テキストエクスポートウィザード＞の左下の＜設定＞をクリックすると、ウィザードの中で指定する内容やその他の設定をまとめて行えます。また、設定内容を保存し、次回エクスポートの操作を行うときに適用することなども可能です。

データが出力された

● 連携

325

第 7 章 覚えておきたい！Access 便利テクニック

SECTION
187
連携

Access間でオブジェクトを入出力する

オブジェクトをほかのAccessのデータベースファイルで使用する場合も、オブジェクトをエクスポートします。テーブル以外のオブジェクトをエクスポートする場合は、そのオブジェクトが基にしているテーブルなども必要に応じてエクスポートします。

≫ オブジェクトを別のデータベースに出力する

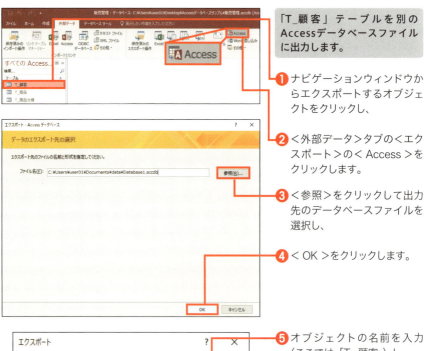

「T_顧客」テーブルを別のAccessデータベースファイルに出力します。

1. ナビゲーションウィンドウからエクスポートするオブジェクトをクリックし、

2. ＜外部データ＞タブの＜エクスポート＞の＜Access＞をクリックします。

3. ＜参照＞をクリックして出力先のデータベースファイルを選択し、

4. ＜OK＞をクリックします。

5. オブジェクトの名前を入力（ここでは「T_顧客」）し、

6. エクスポートする内容（ここでは＜テーブル構造とデータ＞）を選択して、

7. ＜OK＞をクリックします。

326

❽ 指定したオブジェクトがエクスポートされます。

❾ <閉じる>をクリックします。

別のデータベースからインポートする

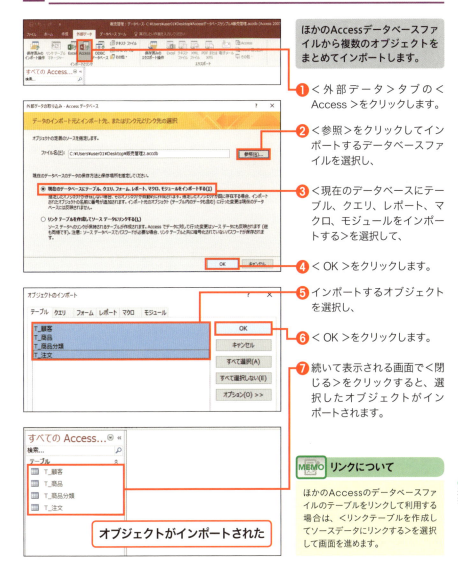

ほかのAccessデータベースファイルから複数のオブジェクトをまとめてインポートします。

❶ <外部データ>タブの<Access>をクリックします。

❷ <参照>をクリックしてインポートするデータベースファイルを選択し、

❸ <現在のデータベースにテーブル、クエリ、レポート、マクロ、モジュールをインポートする>を選択して、

❹ <OK>をクリックします。

❺ インポートするオブジェクトを選択し、

❻ <OK>をクリックします。

❼ 続いて表示される画面で<閉じる>をクリックすると、選択したオブジェクトがインポートされます。

MEMO リンクについて

ほかのAccessのデータベースファイルのテーブルをリンクして利用する場合は、<リンクテーブルを作成してソースデータにリンクする>を選択して画面を進めます。

第 7 章 覚えておきたい！Access 便利テクニック

SECTION 188 設定
既定の文字サイズを大きくする

テーブルやクエリをデータシートビューで開いたときの既定の文字サイズや書式は「Accessのオプション」画面から指定できます。この設定を変更すると、ほかのAccessデータベースファイルのテーブルなどを開いたときにも影響があるので注意しましょう。

データシートの文字の大きさを変更する

❶ Backstage ビューを表示し（P.92MEMO 参照）、

❷ <オプション>をクリックします。

❸ <データシート>をクリックし、

❹ <サイズ>の をクリックしてフォントサイズを選択（ここでは「16」）して、

❺ < OK >をクリックします。

MEMO ポイント

Accessでは文字サイズが「ポイント」という単位で示されます。1ポイントは約0.35mmです。

❻ テーブルをデータシートビューで開くと、文字サイズが変更されたことが確認できます。

第 7 章　覚えておきたい！Access 便利テクニック

SECTION 189 設定
オブジェクトの依存関係を確認する

オブジェクトの数が増えると、オブジェクト間の関係が把握しづらくなります。テーブルを削除したり、フォームやレポートなどのオブジェクトをエクスポートしたりといった場合は、その操作を行っても問題がないか、オブジェクトの関係を確認しましょう。

≫ 依存関係のオブジェクトを確認する

❶ ナビゲーションウィンドウでオブジェクトの依存関係を見るオブジェクト（ここでは「Q_クロスバイク」クエリ）を選択し、

❷ <データベースツール>タブの<オブジェクトの依存関係>をクリックします。

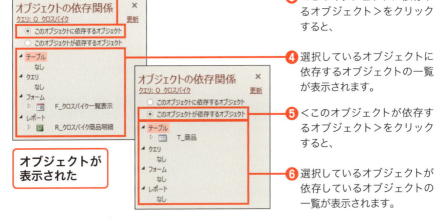

❸ <このオブジェクトに依存するオブジェクト>をクリックすると、

❹ 選択しているオブジェクトに依存するオブジェクトの一覧が表示されます。

❺ <このオブジェクトが依存するオブジェクト>をクリックすると、

❻ 選択しているオブジェクトが依存しているオブジェクトの一覧が表示されます。

オブジェクトが表示された

> **MEMO ほかのオブジェクト**
> ほかのオブジェクトの依存関係を見るには、ナビゲーションウィンドウからオブジェクトを選択し、<オブジェクトの依存関係>ウィンドウの<更新>をクリックします。

329

第 7 章 覚えておきたい！Access 便利テクニック

SECTION 190 設定
ファイルを旧バージョンの Access用にする

ファイルを保存すると、通常はAccess 2007以降で使用できる形式で保存されます。保存時に古いバージョン用の形式に変換することもできますが、新しいファイル形式でのみ使用できる機能を使用している場合、そのままでは変換できないことがあります。

形式を指定して保存する

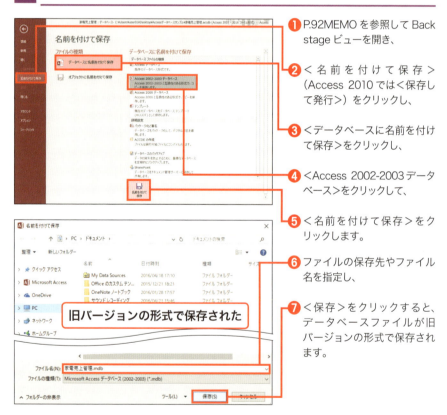

❶ P.92MEMO を参照して Backstage ビューを開き、

❷ ＜名前を付けて保存＞（Access 2010では＜保存して発行＞）をクリックし、

❸ ＜データベースに名前を付けて保存＞をクリックし、

❹ ＜Access 2002-2003 データベース＞をクリックして、

❺ ＜名前を付けて保存＞をクリックします。

❻ ファイルの保存先やファイル名を指定し、

❼ ＜保存＞をクリックすると、データベースファイルが旧バージョンの形式で保存されます。

MEMO データベースファイルの種類

＜Accessデータベース＞は、Access2007以降で使用するファイル形式です。＜Access2002-2003データベース＞は、Access 2002以降で使用できるファイル形式です。データベースファイルの種類によってアイコンの形や拡張子が異なります（P.331参照）。

第 7 章 覚えておきたい！Access 便利テクニック

SECTION 191 設定
旧バージョンのファイルを変換する

旧バージョンのファイル形式では新機能の使用が制限されるため、新機能を活用するには、新しい形式に変換します。新しい形式は、Access 2003以前のバージョンのユーザーとは共有できません。なお、Access 2003は既にサポートが終了しています。

≫ 最新のデータベース形式で保存する

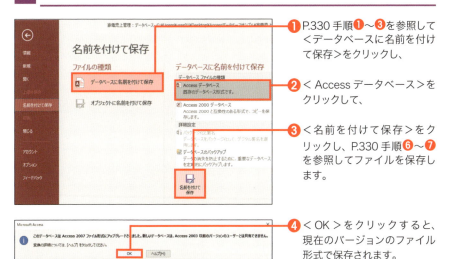

① P.330 手順❶〜❸を参照して＜データベースに名前を付けて保存＞をクリックし、

② ＜ Access データベース＞をクリックして、

③ ＜名前を付けて保存＞をクリックし、P.330 手順❻〜❼を参照してファイルを保存します。

④ ＜ OK ＞をクリックすると、現在のバージョンのファイル形式で保存されます。

現バージョンの形式で保存された

COLUMN

ファイルのアイコンについて

新しい形式のデータベースファイルと、古いバージョンの形式のデータベースファイルは、ファイルのアイコンの形が異なります。また、ファイルの種類を示すファイルの拡張子も異なります。

既存のAccessデータベース形式（.accdb）

Access2002-2003データベース形式（.mdb）

第 7 章　覚えておきたい！Access 便利テクニック

SECTION 192 設定

バックアップを作成する

重要なデータベースファイルやデータを誤って削除してしまった場合に備えて、データベースファイルのバックアップはこまめに作成しておきましょう。バックアップファイルは、日付の情報が自動的にファイル名に入ります。

バックアップを作成する

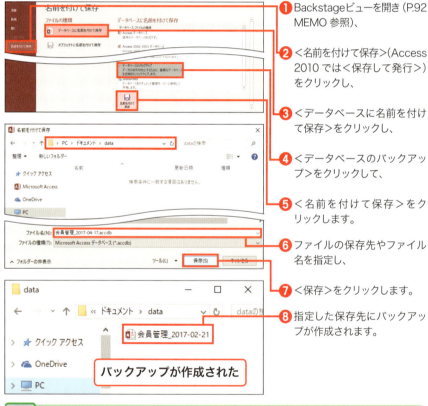

❶ Backstageビューを開き（P.92 MEMO 参照）、

❷ ＜名前を付けて保存＞（Access 2010では＜保存して発行＞）をクリックし、

❸ ＜データベースに名前を付けて保存＞をクリックし、

❹ ＜データベースのバックアップ＞をクリックして、

❺ ＜名前を付けて保存＞をクリックします。

❻ ファイルの保存先やファイル名を指定し、

❼ ＜保存＞をクリックします。

❽ 指定した保存先にバックアップが作成されます。

MEMO バックアップファイルについて

バックアップファイルを保存すると、開いているデータベースファイルの最適化と修復が実行されて、指定した場所にデータベースファイルのコピーが作成されます。ファイル名には、自動的に日付が入りますが、ファイル名は変更することもできます。

SECTION 193 設定

既定の保存先を設定する

Accessでデータベースファイルを保存したり、データベースファイルを新規に作成したりすると、保存先として「ドキュメント」フォルダーが表示されます。頻繁に使用するフォルダーが最初に表示されるようにするには、既定の場所を指定します。

既定の保存先を変更する

❶ Backstageビューを開き（P.92 MEMO 参照）、

❷ ＜オプション＞をクリックします。

❸ ＜基本設定＞をクリックし、

❹ 「既定のデータベースフォルダー」の＜参照＞をクリックして既定にするフォルダー（ここでは＜ドキュメント＞以下の＜data＞フォルダー）を指定し、

❺ ＜OK＞をクリックします。

❻ 保存操作を行うと、

❼ 既定の保存場所が変更されていることが確認できます。

> **MEMO 既定の保存先**
>
> 既定の保存先を特に指定しない場合は、通常、「ドキュメント」（例：C:¥Users¥＜ユーザー名＞¥Documents）フォルダーになっています。

第7章 覚えておきたい！Access 便利テクニック

SECTION 194 設定
データベースを最適化する

データベースファイルを利用し、オブジェクトの作成や削除、データの編集などの操作を繰り返すと、ファイルサイズが徐々に大きくなります。データベースを最適化すると、無駄な領域が削除されてファイルサイズが小さくなり、パフォーマンスの低下も防げます。

≫ データベースファイルを手動で最適化する

❶ データベースファイルを開いた状態で、<ファイル>タブをクリックします。

MEMO 最適化の前に
データベースファイルを最適化する際は、念のため事前にバックアップを作成しておきましょう（P.332参照）。

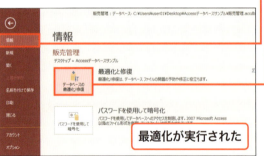

最適化が実行された

❷ <情報>をクリックし、

❸ <データベースの最適化／修復>をクリックすると、最適化が行われます。

MEMO 最適化について
最適化の操作を行うと、データベースファイルの無駄な領域が削除されます。ファイルサイズが小さくなり、パフォーマンスの低下を防げます。

COLUMN
ほかの方法で最適化する

データベースファイルを開いている状態で、<データベースツール>タブの<データベースの最適化／修復>をクリックしても最適化を実行できます。

自動的に最適化されるよう設定する

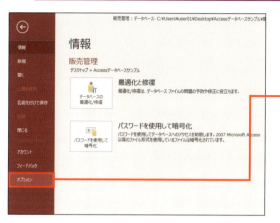

❶ 最適化するデータベースファイルを開いた状態でBackstageビューを表示し（P.92 MEMO参照）、

❷ ＜オプション＞をクリックします。

❸ ＜現在のデータベース＞（Access2010の場合は＜カレントデータベース＞）をクリックし、

❹ ＜閉じるときに最適化する＞をクリックしてチェックを付け、

❺ ＜OK＞をクリックします。

❻ メッセージが表示されたら＜OK＞をクリックし、

❼ データベースファイルを閉じて再び開くと、閉じるときに最適化する設定が有効になります。

自動で最適化されるようになった

COLUMN

ファイルサイズを確認する

最適化を実行すると、画面上の変化はありませんがファイルサイズが小さくなります。最適化する前と最適化後でそれぞれファイルサイズを確認すると、ファイルサイズが小さくなったことを確認できます。

第 7 章 覚えておきたい！Access 便利テクニック

SECTION 195 設定

ナビゲーションウィンドウを非表示にして開く

データベースファイルにメニュー画面などを用意して操作を行う場合などは、ナビゲーションウィンドウを非表示にして開くよう指定しましょう。ナビゲーションウィンドウの表示と非表示は、データベースファイルごとに設定できます。

≫ ナビゲーションウィンドウを非表示にする

❶ Backstage ビューを表示し、

❷ ＜オプション＞をクリックします。

MEMO キーボードショートカット
ナビゲーションウィンドウの表示／非表示は、F11キーを押して切り替えることもできます。

❸ ＜現在のデータベース＞（Access2010 の場合は＜カレントデータベース＞）をクリックし、

❹ ＜ナビゲーションウィンドウを表示する＞をクリックしてチェックを外し、

❺ ＜OK＞をクリックします。

❻ ＜OK＞をクリックします。

❼ データベースファイルを開きなおすと、ナビゲーションウィンドウが非表示になったことを確認できます。

SECTION 196 設定

第7章 覚えておきたい！Access 便利テクニック

排他モードを利用する

データベースファイルを開くと、標準では複数の人でファイルを共有できる「共有」モードで開かれます。これに対し、「排他」モードは、ほかのユーザーとファイルを共有しない状態で開きます。どのモードで開くかは、ファイルを開くときに指定できます。

≫ データベースを排他モードで開く

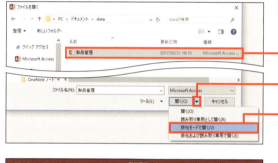

① P.24 を参照して＜ファイルを開く＞画面を表示し、

② 開くファイルをクリックして、

③ ＜開く＞の ▼ をクリックし、

④ ＜排他モードで開く＞をクリックします。

⑤ データベースが排他モードで開かれます。

MEMO 排他モードについて

排他モードでデータベースファイルを開くと、データベースファイルを別のユーザーが同時に編集したりすることができない状態で開きます。また、ほかの人がデータベースファイルを開いているときは、そのデータベースファイルを開くことはできません。

COLUMN

エラーメッセージ

排他モードで開いているファイルを別の人が開こうとすると、次のようなメッセージが表示されます。

337

第 7 章　覚えておきたい！Access 便利テクニック

SECTION 197 設定

データベースにパスワードを設定する

重要なデータを第三者にかんたんに見られてしまうのを防ぐには、データベースファイルにパスワードを設定します。パスワードを設定しておくと、パスワードを入力しないとデータベースファイルが開けなくなります。

≫ パスワードを設定する

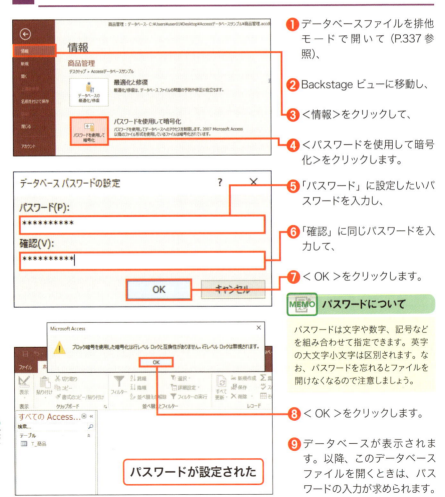

❶ データベースファイルを排他モードで開いて（P.337参照）、

❷ Backstageビューに移動し、

❸ <情報>をクリックして、

❹ <パスワードを使用して暗号化>をクリックします。

❺ 「パスワード」に設定したいパスワードを入力し、

❻ 「確認」に同じパスワードを入力して、

❼ < OK >をクリックします。

MEMO パスワードについて

パスワードは文字や数字、記号などを組み合わせて指定できます。英字の大文字小文字は区別されます。なお、パスワードを忘れるとファイルを開けなくなるので注意しましょう。

❽ < OK >をクリックします。

❾ データベースが表示されます。以降、このデータベースファイルを開くときは、パスワードの入力が求められます。

338

設定したパスワードを削除する

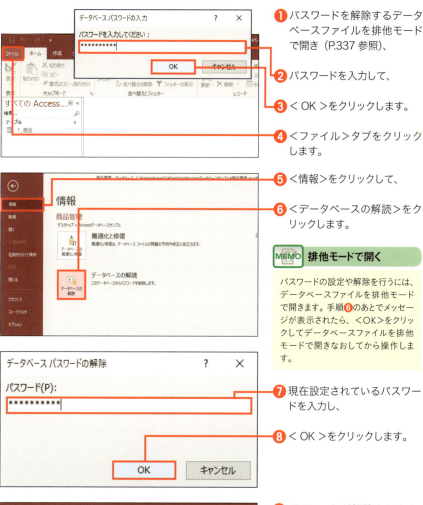

❶ パスワードを解除するデータベースファイルを排他モードで開き（P.337参照）、

❷ パスワードを入力して、

❸ ＜OK＞をクリックします。

❹ ＜ファイル＞タブをクリックします。

❺ ＜情報＞をクリックして、

❻ ＜データベースの解読＞をクリックします。

MEMO 排他モードで開く

パスワードの設定や解除を行うには、データベースファイルを排他モードで開きます。手順❻のあとでメッセージが表示されたら、＜OK＞をクリックしてデータベースファイルを排他モードで開きなおしてから操作します。

❼ 現在設定されているパスワードを入力し、

❽ ＜OK＞をクリックします。

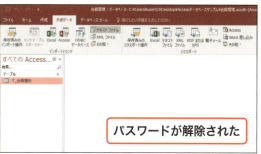

❾ パスワードが解除されます。以降は、パスワードを入力しなくてもデータベースファイルが開きます。

パスワードが解除された

第 7 章　覚えておきたい！Access 便利テクニック

SECTION 198 設定

＜セキュリティの警告＞を非表示にする

データベースファイルを開くと＜セキュリティの警告＞メッセージが表示され、一部の機能の使用が制限されることがあります（P.25参照）。メッセージを表示せずに機能を有効にするには、＜信頼できる場所＞にファイルを保存する方法があります。

≫ ＜信頼できる場所＞を追加する

❶ データベースファイルを開いたときに「セキュリティの警告」が表示されたら、＜コンテンツの有効化＞をクリックします。

❷ Backstage ビューに移動して（P.92MEMO 参照）、

❸ ＜オプション＞をクリックします。

MEMO　コンテンツの有効化

＜コンテンツの有効化＞をクリックしない場合は、一部の機能の使用が制限されます。たとえば、一部のマクロやVBAなどは実行できない状態になります。

❹ ＜セキュリティセンター＞をクリックし、

❺ ＜セキュリティセンターの設定＞をクリックします。

MEMO　信頼できる場所の削除・変更

信頼できる場所を削除するには、手順❻のあとで、削除する場所を選択して＜削除＞をクリックします。また、場所を変更するには、変更する場所を選択して＜変更＞をクリックし、表示される画面で手順❽～❿の操作を行います。

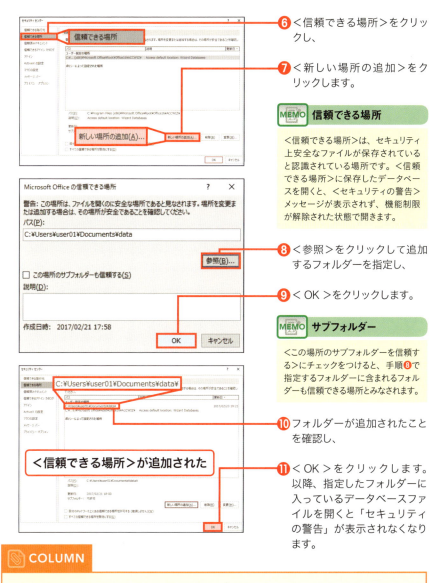

❻ <信頼できる場所>をクリックし、

❼ <新しい場所の追加>をクリックします。

> **MEMO 信頼できる場所**
>
> <信頼できる場所>は、セキュリティ上安全なファイルが保存されていると認識されている場所です。<信頼できる場所>に保存したデータベースを開くと、<セキュリティの警告>メッセージが表示されず、機能制限が解除された状態で開きます。

❽ <参照>をクリックして追加するフォルダーを指定し、

❾ < OK >をクリックします。

> **MEMO サブフォルダー**
>
> <この場所のサブフォルダーを信頼する>にチェックをつけると、手順❽で指定するフォルダーに含まれるフォルダーも信頼できる場所とみなされます。

❿ フォルダーが追加されたことを確認し、

⓫ < OK >をクリックします。以降、指定したフォルダーに入っているデータベースファイルを開くと「セキュリティの警告」が表示されなくなります。

COLUMN

<信頼できるドキュメント>について

手順❶で<コンテンツの有効化>をクリックすると、信頼できる場所に保存されていないファイルでも、<信頼できるドキュメント>とみなされて、次回以降、<セキュリティの警告>は表示されません。<信頼済みドキュメント>の指定をクリアするには、手順❻の画面で左の<信頼済みドキュメント>をクリックし、表示される<クリア>をクリックします。また、<信頼済みドキュメントを無効にする>のチェックを付けると、データベースファイルを開くたびに<セキュリティの警告>が表示されます。

第 7 章　覚えておきたい！Access 便利テクニック

SECTION 199 設定

隠しオブジェクトを利用する

データベースファイルをほかのユーザーに使用してもらう場合は、アクションクエリなどを意図せずに実行されてしまうようなことがないように、普段使わないオブジェクトを隠しオブジェクトに指定し、見えなくしておくことができます。

隠しオブジェクトに設定する

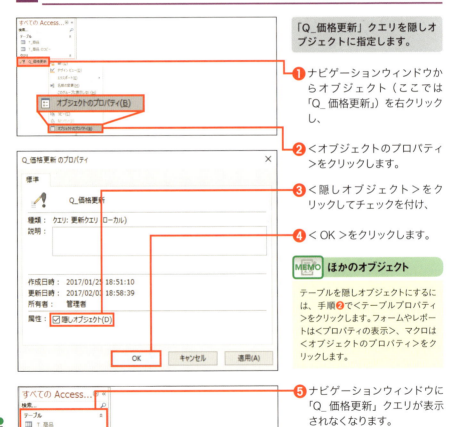

「Q_価格更新」クエリを隠しオブジェクトに指定します。

1 ナビゲーションウィンドウからオブジェクト（ここでは「Q_価格更新」）を右クリックし、

2 <オブジェクトのプロパティ>をクリックします。

3 <隠しオブジェクト>をクリックしてチェックを付け、

4 < OK >をクリックします。

MEMO ほかのオブジェクト

テーブルを隠しオブジェクトにするには、手順2で<テーブルプロパティ>をクリックします。フォームやレポートは<プロパティの表示>、マクロは<オブジェクトのプロパティ>をクリックします。

5 ナビゲーションウィンドウに「Q_価格更新」クエリが表示されなくなります。

隠しオブジェクトに設定された

342

》 隠しオブジェクトの設定を解除する

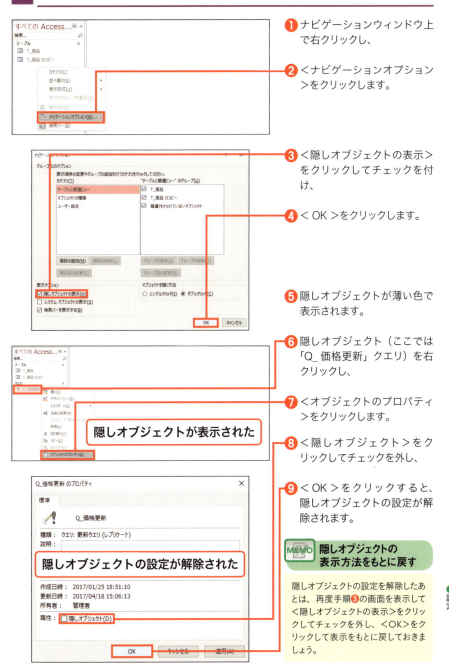

❶ ナビゲーションウィンドウ上で右クリックし、

❷ ＜ナビゲーションオプション＞をクリックします。

❸ ＜隠しオブジェクトの表示＞をクリックしてチェックを付け、

❹ ＜OK＞をクリックします。

❺ 隠しオブジェクトが薄い色で表示されます。

❻ 隠しオブジェクト（ここでは「Q_価格更新」クエリ）を右クリックし、

❼ ＜オブジェクトのプロパティ＞をクリックします。

❽ ＜隠しオブジェクト＞をクリックしてチェックを外し、

❾ ＜OK＞をクリックすると、隠しオブジェクトの設定が解除されます。

MEMO 隠しオブジェクトの表示方法をもとに戻す

隠しオブジェクトの設定を解除したあとは、再度手順❸の画面を表示して＜隠しオブジェクトの表示＞をクリックしてチェックを外し、＜OK＞をクリックして表示をもとに戻しておきましょう。

第 7 章　覚えておきたい！Access 便利テクニック

SECTION 200 設定

個人情報を削除する

データベースファイルを作成すると、作成者などの個人情報がファイルのプロパティとして保存されることがあります。ファイルを保存するときに、プロパティから個人情報を削除する設定するには、＜Accessのオプション＞画面で指定します。

≫ ファイルのプロパティ情報を表示する

① データベースファイルを開いた状態で、＜ファイル＞タブをクリックします。

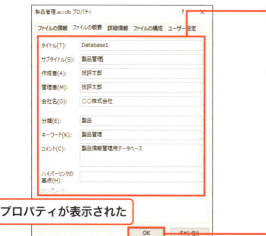

② ＜情報＞をクリックし、

③ ＜データベースのプロパティの表示および編集＞をクリックします。

④ 表示されるプロパティで、項目をクリックして編集や削除ができます。

⑤ ＜OK＞をクリックすると、前の画面に戻ります。

プロパティが表示された

344

≫ 個人情報を自動で削除する

ファイルを保存すると個人情報が削除されるように設定します。

❶ Backstageビューを表示し、

❷ <オプション>をクリックします。

❸ <現在のデータベース>（Access2010の場合は<カレントデータベース>）をクリックし、

❹ <ファイルを保存するときにファイルのプロパティから個人情報を削除する>をクリック（このとき<閉じるときに最適化する>もチェックが入ります）して、

❺ <OK>をクリックします。

❻ <OK>をクリックします。

❼ 再度データベースファイルを開き、

❽ ファイルのプロパティ画面を開くと、作成者などの情報が削除されていることが確認できます。

個人情報が削除された

> **MEMO 個人情報の削除**
>
> <ファイルを保存するときにファイルのプロパティから個人情報を削除する>にチェックを付けると、ファイルを保存するときにプロパティの個人情報が削除される設定になります。

345

●キーボードショートカット一覧

データベースを操作する

内容	キー
新しいデータベースを作成する	Ctrl + N
データベースを開く	Ctrl + O
Accessを終了する	Alt + F4
＜ファイル＞タブを選択してBackstageビューを開く	Alt + F
Backstageビューからデータベースファイルの画面に戻る	Esc

ナビゲーションウィンドウを操作する

内容	キー
ナビゲーションウィンドウの表示／非表示を切り替える	F11
ナビゲーションウィンドウで選択したオブジェクトの名前を変更する	F2
ナビゲーションウィンドウで選択したオブジェクトを開く	Enter
ナビゲーションウィンドウで選択したオブジェクトをデザインビューで開く	Ctrl + Enter
ナビゲーションウィンドウで選択したオブジェクトを削除する	Delete
ナビゲーションウィンドウで選択したオブジェクトをコピーする	Ctrl + C
ナビゲーションウィンドウで選択したオブジェクトを切り取る	Ctrl + X
ナビゲーションウィンドウで選択したオブジェクトを貼り付ける	Ctrl + V
ナビゲーションウィンドウ内をクリックした状態で、ナビゲーションウィンドウの＜検索＞ボックスにカーソルを移動する	Ctrl + F

オブジェクトの編集中に使用する

内容	キー
上書き保存する	Ctrl + S
現在開いているオブジェクトを閉じる	Ctrl + W
開いているオブジェクトを順に切り替える	Ctrl + F6
ビューを順番に前方方向に切り替える	Ctrl + ,
ビューを順番に後方方向に切り替える	Ctrl + .
プロパティシートの表示／非表示を切り替える	F4
リボンの表示／非表示を切り替える	Ctrl + F1
選択している対象のショートカットメニューを開く	Shift + F10
操作アシストボックスを開く（Access2016の場合）	Alt + Q
＜印刷＞画面を開く	Ctrl + P
ヘルプ画面を表示する	F1

フォームやレポートのデザインビューでコントロールを操作する

内容	キー
選択したコントロールをコピーする	Ctrl + C
選択したコントロールを切り取る	Ctrl + X
選択したコントロールを貼り付ける	Ctrl + V
選択したコントロールを削除する	Delete
選択したコントロールを上に移動する	↑または、Ctrl + ↑（少しだけ移動）
選択したコントロールを下に移動する	↓または、Ctrl + ↓（少しだけ移動）
選択したコントロールを左に移動する	←または、Ctrl + ←（少しだけ移動）

内容	キー
選択したコントロールを右に移動する	→ または、Ctrl + → （少しだけ移動）
選択したコントロールの幅を広げる	Shift + →
選択したコントロールの幅を狭める	Shift + ←
選択したコントロールの高さを低くする	Shift + ↑
選択したコントロールの高さを高くする	Shift + ↓
<フィールドリスト>ウィンドウを表示する	Alt + F8

レポートの印刷プレビューで操作する

内容	キー
「印刷」画面を開く	Ctrl + P
「ページ設定」画面を開く	S
ページを拡大／縮小表示する	Z
画面を下にスクロールする	↓
画面を1画面分下にスクロールする	PageDown
画面を上にスクロールする	↑
画面を1画面分上にスクロールする	PageUp
ページの上端を表示する	Ctrl + ↑
ページの下端を表示する	Ctrl + ↓
画面を右にスクロールする	→
ページの右端を表示する	End
ページの右下隅を表示する	Ctrl + End
画面を左にスクロールする	←
ページの左端を表示する	Home
ページの左上隅を表示する	Ctrl + Home
ページ番号ボックスで表示するページを指定	Alt + F5、ページ番号ボックスでページ番号を入力し Enter
<印刷プレビュー>表示を閉じる	Esc

レコードやフィールドを移動する

内容	キー
最初のレコードに移動する	Ctrl + ↑
最後のレコードに移動する	Ctrl + ↓
新規レコードに移動する	Ctrl + + （テンキー）
1画面下に移動する	PageDown
1画面上に移動する	PageUp
次のフィールドに移動する	Tab
前のフィールドに移動する	Shift + Tab
最初のフィールドに移動する	Home
最後のフィールドに移動する	End

データを操作する

内容	キー
選択した文字をコピーする	Ctrl + C
選択した文字を切り取る	Ctrl + X
コピーした文字を選択した箇所に貼り付ける	Ctrl + V
選択した文字を削除する	Delete
カーソル位置の右の文字を消す	Delete
カーソル位置の左の文字を消す	Backspace
カーソル位置の右側にあるすべての文字を消す	Ctrl + Delete
現在の日付を入力する	Ctrl + ;
現在の時刻を入力する	Ctrl + :
前のレコードの同じフィールドの値を入力する	Ctrl + '
入力中のデータをキャンセルする	Esc
選択しているレコードを削除する	Ctrl + -
データシートビューやフォームビューで<検索と置換>画面を開き、<検索>タブを表示する	Ctrl + F
データシートビューやフォームビューで<検索と置換>画面を開き、<置換>タブを表示する	Ctrl + H

347

索引

記号

-	115
!	115
#	115
&	126
*	115
?	115
[]	115
<	113
<=	113
<>	111
=	113
>	113
>=	113

アルファベット

Avg関数	131
Backstageビュー	92
Between～And～	117
Count関数	131
Date関数	130
Day関数	130
Excelファイル	318, 322
If文	304
IIf関数	134
IME入力モード	53
Int関数	125
Left関数	127
Len関数	129
LTrim関数	133
Month関数	130
MsgBox関数	309
Null値	128
OLEオブジェクト型	36
PDF形式	250
Right関数	127
RTrim関数	133
SQLビュー	122
Sum関数	131
Switch関数	134
Trim関数	133
VBA	312
Year関数	130
Yes/No型	36

あ

アクション	280
アクションカタログ	283
アクションクエリ	154
値要求	57
宛名ラベル	270
一側テーブル	81
移動ボタン	180
イベントデータマクロ	296
印刷	253
印刷時拡張	242
印刷時縮小	264
印刷プレビュー	251
インポート	314, 316
埋め込みマクロ	294
上書き保存	23
エクスポート	316, 317
エラーインジケーター	278
エラーチェックオプション	278
エラーメッセージ	58
演算コントロール	202, 246

INDEX

演算フィールド ……………… 124, 153	コピー ………………………… 75
オートナンバー型 ……………… 36	コントロール ………………… 186
オブジェクト …………………… 32	コントロールの配置 ………… 191, 192
オブジェクトの関係 …………… 329	コンボボックス ……………… 208
折り返し ………………………… 242	

か

外部キー ………………………… 81	
改ページ ………………………… 259	
隠しオブジェクト ……………… 342	
可視 ……………………………… 241	
画像の挿入 ……………………… 236	
既定値 ………………………… 46, 56	
既定のビュー ………………… 169, 240	
既定の保存先 …………………… 333	
起動 ……………………………… 18	
行見出し ………………………… 149	
クイックアクセスツールバー …… 20	
クエリ …………………………… 96	
クエリの実行 …………………… 103	
グラフ …………………………… 266	
グループ化レポート …………… 256	
グループフッター ……………… 261	
グループブロック ……………… 290	
グループヘッダー ……………… 261	
グループレベル ………………… 257	
クロス集計クエリ ……………… 148	
罫線 ……………………………… 237	
検索 ……………………………… 77	
検索ボックス …………………… 20	
更新クエリ ……………………… 154	
更新の許可 ……………………… 179	
個人情報 ………………………… 344	

さ

最適化 …………………………… 334
削除 ……………… 43, 133, 181, 193, 231
削除クエリ ……………………… 157
削除の許可 ……………………… 181
サブデータシート ……………… 83
サブマクロ ……………………… 292
参照整合性 ……………………… 88
式ビルダー ……………………… 160
シャッターバーを開く／閉じる …… 20
集計行 …………………………… 147
集計クエリ ……………………… 144
集計レポート …………………… 256
住所入力支援 …………………… 50
終了 ……………………………… 19
主キー ………………………… 40, 81
使用可能 ………………………… 215
条件付き書式 ………………… 218, 248
条件付きマクロ ………………… 304
詳細 …………………………… 184, 222
新規作成 ………………………… 21
信頼できるドキュメント ……… 341
信頼できる場所 ………………… 340
数値型 …………………………… 36
ズーム画面 ……………………… 118
ステータスバー ………………… 20
ステップイン …………………… 287
セキュリティの警告 ………… 25, 340

349

●索引

た

タイトルバー	20
多側テーブル	81
タブ移動順	217
タブオーダー	216
タブストップ	214
置換	77
抽出条件	110
重複クエリ	120
重複データ非表示	243
追加	194, 195
追加クエリ	156
通貨型	36
定型入力	54
データ型	36
データ入力	59, 62, 64, 177
データの削除	74, 181
データマクロ	296
テーブル	32, 34
テーブル作成クエリ	158
テーマ	182, 234
テキストファイル	314, 324
デザイングリッド	97
添付ファイル	36, 69
テンプレート	22
トップ値	132

な

内部結合	137
長いテキスト	36
ナビゲーションウィンドウ	20, 336
ナビゲーションフォーム	170
名前付きデータマクロ	298

名前の変更	42
並べ替え	76, 104, 105, 260
入力規則	58

は

排他モード	337
ハイパーリンク型	36, 68
はがき宛名印刷	274
パスワード	338
バックアップ	332
パラメータークエリ	118
貼り付け	75
比較演算子	113
左外部結合	137
日付/時刻型	36
非表示フィールド	106
ビュー	32
ビューの許可	169
開く	24
非連結フォーム	176
ピン留め	29
ファイル形式	330, 331
フィールド	35
フィールドサイズ	52
フィールドセレクター	71
フィールドの移動	178
フィールドの固定	73
フィールドの削除	99
フィールドの追加	98, 101
フィールドプロパティ	44
フィールドリスト	84
不一致クエリ	140
フィルター	78, 244

350

INDEX

フォーム	162	リレーションシップの解除	86
フォームウィザード	164	リンク	320
フォームセレクタ	168	リンク親フィールド	175, 263
フォームフッター	184	リンク子フィールド	175
フォームヘッダー	184	ルックアップウィザード	36, 62
ふりがな	48	レイアウト	189
プロパティシート	196, 240	レコードソース	194, 272
分割フォーム	166	レコードロック	135
ページ番号	238	列の表示／非表示	72
ページフッター	222	列幅	70
ページヘッダー	222	列見出し	152
ヘッダー／フッターの削除	239	レポート	222
編集ロック	215	レポートウィザード	224
保存	41, 102, 226	レポートフッター	222
ボタン	198, 288	レポートヘッダー	222

ま・や

マクロ	280	連結フォーム	176
文字サイズ	328	連鎖更新	90
右外部結合	137	連鎖削除	91
短いテキスト	36	ワイルドカード	114
メイン／サブフォーム	172		
メイン／サブレポート	262		
メッセージ	308		
元に戻す	26		
やり直す	26		
用紙のサイズ	255		
用紙の向き	254		

ら・わ

ラベル	195, 227
リストボックス	213
リボン	20
リレーションシップ	80

351

お問い合わせについて

本書に関するご質問については、本書に記載されている内容に関するもののみとさせていただきます。本書の内容と関係のないご質問につきましては、一切お答えができませんので、あらかじめご了承ください。また、電話でのご質問は受け付けておりませんので、必ずFAXか書面にて下記までお送りください。
なお、ご質問の際には、必ず以下の項目を明記していただきますよう、お願いいたします。

① お名前
② 返信先の住所またはFAX番号
③ 書名（今すぐ使えるかんたんEx　Accessデータベース　プロ技 BESTセレクション）
④ 本書の該当ページ
⑤ ご使用のOSとソフトウェアのバージョン
⑥ ご質問内容

なお、お送りいただいたご質問には、できる限り迅速にお答えできるよう努力いたしておりますが、場合によってはお答えするまでに時間がかかることがあります。また、回答の期日をご指定なさっても、ご希望にお応えできるとは限りません。あらかじめご了承くださいますよう、お願いいたします。

問い合わせ先

〒162-0846
東京都新宿区市谷左内町21-13
株式会社技術評論社　書籍編集部
「今すぐ使えるかんたんEx　Accessデータベース
プロ技BESTセレクション」質問係
FAX番号　03-3513-6167　URL：http://book.gihyo.jp

お問い合わせの例

FAX

① お名前
　技術　太郎
② 返信先の住所またはFAX番号
　03-××××-××××
③ 書名
　今すぐ使えるかんたんEx
　Accessデータベース
　プロ技 BESTセレクション
④ 本書の該当ページ
　100ページ
⑤ ご使用のOSとソフトウェアの
　バージョン
　Windows 10
　Access 2016
⑥ ご質問内容
　結果が正しく表示されない

※ ご質問の際に記載いただきました個人情報は、回答後速やかに破棄させていただきます。

今すぐ使えるかんたんEx
Accessデータベース プロ技 BESTセレクション

2017年9月6日　初版　第1刷発行

著者………………………… 門脇　香奈子
発行者……………………… 片岡　巌
発行所……………………… 株式会社 技術評論社
　　　　　　　　　　　　　東京都新宿区市谷左内町21-13
　　　　　　　　　　　　　電話　03-3513-6150　販売促進部
　　　　　　　　　　　　　　　　03-3513-6160　書籍編集部
装丁デザイン……………… 神永　愛子（primary inc.,）
カバーイラスト…………… ⓒ koti - Fotolia
本文デザイン……………… 今住　真由美（ライラック）
DTP………………………… マップス
編集………………………… 落合　祥太朗
製本／印刷………………… 日経印刷株式会社

定価はカバーに表示してあります。
落丁・乱丁がございましたら、弊社販売促進部までお送りください。交換いたします。
本書の一部または全部を著作権法の定める範囲を超え、無断で複写、複製、転載、テープ化、ファイルに落とすことを禁じます。
ⓒ 2017　門脇　香奈子

ISBN978-4-7741-9115-7 C3055
Printed in Japan